少儿环保科普小丛书

地球上的濒绝植物

本书编写组◎编

中国出版集团公司

世界图书出版公司

广州·上海·西安·北京

图书在版编目（CIP）数据

地球上的濒绝植物／《地球上的濒绝植物》编写组
编. ——广州：世界图书出版广东有限公司，2017.3
ISBN 978 - 7 - 5192 - 2471 - 4

Ⅰ．①地… Ⅱ．①地… Ⅲ．①濒危植物 - 青少年读物
Ⅳ．①Q111．7 - 49

中国版本图书馆 CIP 数据核字（2017）第 049854 号

书　　名：地球上的濒绝植物
　　　　　Diqiu Shang De Binjue Zhiwu

编　　者：本书编写组
责任编辑：冯彦庄
装帧设计：觉　晓
责任技编：刘上锦
出版发行：世界图书出版广东有限公司
地　　址：广州市海珠区新港西路大江冲 25 号
邮　　编：510300
电　　话：（020）84460408
网　　址：http：//www.gdst.com.cn/
邮　　箱：wpc_ gdst@ 163.com
经　　销：新华书店
印　　刷：虎彩印艺股份有限公司
开　　本：787mm×1092mm　1/16
印　　张：12.75
字　　数：206 千
版　　次：2017 年 3 月第 1 版　2019 年 2 月第 3 次印刷
国际书号：ISBN 978 - 7 - 5192 - 2471 - 4
定　　价：29.80 元

前　言

　　在自然界生态系统中，植物是最主要的生产者，是地球上氧气的主要提供者。植物为自然界和人类提供了丰富的资源和优美的环境，人们吃的、穿的、用的、住的都与植物有联系。大地绿化、环境保护、水土保持、美化生活，哪一样也离不开植物。植物是人类和其他生物赖以生存的保障。

　　然而，接踵而来的工业革命、技术革命、现代信息革命以及基因技术革命，使得人类正在以前所未有的程度与范围影响着地球上的微生物、植物和动物及其生存环境。生物的多样性不再是生物进化历程中物种兴衰的简单测度，而是一个与我们所作所为、日常生活息息相关的客观实在。

　　1998 年 8 月 25 日，当各国政府代表汇聚于日内瓦讨论"全球森林危机"时，IUCN 郑重宣布一部重要的自然保护书籍——《世界濒危树种名录》出版发行。这本名录警示人们：全世界 10% 的树种濒临灭绝。

　　近年来，物种灭绝的加剧，遗传多样性的减少，以及生态系统特别是热带森林的大规模破坏，引起了国际社会对生物多样性问题的极大关注。生物多样性丧失的直接原因主要有生境丧失或片段化、外来物种的入侵、生物资源的过度开发、环境污染、全球气候变化和工业化的农业及林业等。但这些还不是问题的根本所在，根源在于人口的剧增和自然资源消耗的高速度，不断狭窄的农业、林业和渔业的贸易谱，经济系统和政策未能评估环境及其资源的价值，生物资源利用和保护产生的惠益分配的不均衡，知识及其应用的不充分以及法律和制度不合理等。总而言之，人类活动是造成生物多样性以空前的速度丧失的根本原因。

　　本书旨在唤起人们对自然、对植物的保护意识，关注大自然的繁盛与合谐，认识物种、保护物种，让后代从我们手中继承一个万物昌盛、生机勃勃的世界。

目 录
Contents

上篇　一级濒临灭绝植物

光 叶 蕨

　　光叶蕨的现状是濒危种。本种 1963 年采自四川天全二郎山团牛坪，1984 年专家们再度前往该地时，发现由于森林采伐，生态环境完全改变，该种仅极少数存于灌丛下，陷于绝灭境地。

形态特征

　　多年生草木，高 40 厘米左右，根状茎粗短，横卧，仅先端及叶柄基部略被一两枚深棕色披针形小鳞片。叶密生，叶柄短，长 5～7 厘米，基部有褐棕形小鳞片。叶密生，叶柄短，长 5～7 厘米，基部呈褐棕色，向上为禾杆色，光滑，上面有

光叶蕨

一条纵沟直达叶轴；叶片长 30～35 厘米，宽 5～8 厘米，披针形，向两端渐变狭，二回羽裂；羽片 30 对左右，近对生，平展，无柄，下部多对向下逐渐缩短，基部一对最小，长 6～12 柄，三角状，钝头；中部羽片长 2.5～4

厘米，宽 8～10 毫米，披针形，渐尖头，基部不对称，上侧较下侧为宽，截形，与叶并行，下侧楔形，羽状深裂达羽轴两侧的狭翅；裂片 10 对左右，长圆形，钝头，顶缘有疏圆齿，或两侧略反卷而为全缘；叶脉在裂片上羽状，3～5 对，上先出，斜向上；叶坚纸质，干时褐绿色，光滑。孢子囊群圆形，仅生于裂片基部的上侧小脉，每裂片一枚，沿羽两侧各 1 行，靠近羽轴，通常羽轴下侧下部的裂片不育；囊群盖扁圆形，灰绿色，薄膜质，孢子卵为圆形，不透明，表面被刺状纹饰。

光叶蕨

地理分布

生长于四川天全二郎山鸳鸯岩至团牛坪，海拔约 2450 米。

生长特性

分布地区位于四川盆地西缘山地，地处"华西雨屏"的中心地带。气候特点是：终年潮湿多雾，雨水多，日照少。年平均气温 6℃～8℃，极端最高温 28℃，极端最低气温 -16℃；年降雨量 1800～2000 毫米；相对湿度 85%～90%；全年雾日达 280 天以上；日照时数不足 1000 小时。土壤为石灰岩、砂岩、页岩发育的山地黄壤及山地黄棕壤，pH 值为 4.5～5.5。光叶蕨生于阴坡林下，主要植被类型为亚热带山地常绿与落叶阔叶混交林，群落树种为包槲柯、扁刺锥、珙桐、香桦、糙皮桦、水青树、连香树、疏花槭、川滇长尾槭等。晚春发叶，7～8 月形成孢子囊，9 月成熟。

篦齿苏铁

篦齿苏铁生于常绿阔叶疏林下或次生灌丛间。

海拔下限（米）	800
海拔上限（米）	1300

形态特征

棕榈状常绿植物，高达 3 米，树干呈圆柱形、覆被着宿存的叶柄。叶羽状全裂，长 1 ~ 1.5 米，叶柄长 15 ~ 30 厘米，两侧有长约 2 毫米的疏刺；羽片有 80 ~ 120 对，硬革质，披针状线形，长 15 ~ 20 厘米，宽 6 ~ 8 毫

篦齿苏铁

米，先端渐尖，基部楔形，不对称，中脉在两面均隆起。雌雄异株，雄球花单生茎顶，长圆锥状，具多数螺旋状排列的小孢子叶，直径 10 ~ 15 厘米，小孢子叶呈楔形，长 3.5 ~ 4.5 厘米，密被褐黄色绒毛，下面有多数 3 ~ 5 个聚生的小孢子囊；大孢子叶多数，簇生茎顶，密被褐黄色绒毛，上部斜方状宽圆形、宽 6 ~ 8 厘米，有 30 余个钻形裂片，裂片长 3 ~ 3.5 厘米，先端尾状刺尖，大孢子叶下部窄成粗的柄状，长 3 ~ 7 厘米，胚珠 2 ~ 4 个，生于大孢子叶中部两侧。种子为卵状球形，长 4.5 ~ 5 厘米，直径为 4 ~ 4.7 厘米，熟时呈红褐色。

在我国，分布于云南南部的景洪市、红河、思茅市翠云区和西双版纳地区的常绿阔叶疏林下或次生灌丛间（海拔1500米以下）。此外，印度、尼泊尔、不丹、孟加拉、缅甸、越南、老挝、泰国均有分布。

生长习性

　　篦齿苏铁分布区地处云南高原亚热带南部季风常绿阔叶林区域。年平均温度16℃～20℃，年降水量1000～1500毫米，集中于雨季降落，干季较长。土壤为砖红壤，pH值为4.5～6。

　　常生于以厚缘青冈、毛叶青冈、峨眉木荷为优势的常绿阔叶林中；或在余甘子、毛果算盘子为标志的次生灌丛中也可见到。常1～3年开花一次，花期在6～7月，种子在翌年2～3月成熟。通常4～5月自茎顶萌发新叶，常宿存3～4年，而叶柄基则常宿存于茎干。

金花茶

形态特征

金花茶

　　常绿灌木或小乔木，高2～6米，树皮呈灰白色，平滑。叶互生，宽披针形至长椭圆形。花单生叶腋或近顶生，花金黄色，开放时呈杯状、壶状或碗状，直径3～3.5厘米；花瓣9～11枚，阔卵形、倒卵形或矩圆形，肉质，具蜡质光泽；花期在

11月至翌年3月，蒴果呈三角状扁球形，黄绿色或紫褐色；果期为10～12月。

产地及习性

　　金花茶是一种古老的植物，极为罕见，分布区极其狭窄，全世界90%的野生金花茶仅分布于我国广西防城港市十万大山的兰山支脉一带，生长于海拔700米以下，以海拔200～500米之间的范围较常见，垂直分布的下限为海拔20米左右。如金花茶在防城县大王江附近的滨海丘陵台地仍有分布。垂直分布的上限可达海拔890米，如宁明县那陶大山仍可见到个别小瓣金花茶，数量极少，是世界上稀有的珍贵植物。与银杉、桫椤、珙桐等珍贵"植物活化石"齐名，是我国国家一级保护植物，属《濒危野生动植物种国际贸易公约》附录Ⅱ中的植物种，国外称之为"神奇的东方魔茶"，被誉为"植物界大熊猫"、"茶族皇后"。

　　1960年，我国科学工作者首次在广西南宁

金花茶

一带发现了一种金黄色的山茶花，被命名为"金花茶"。金花茶的发现轰动了全球园艺界、新闻界，受了国内外园艺学家的高度重视。他们认为它是培育金黄色山茶花品种的最优良原始材料。

　　金花茶喜温暖湿润气候，喜欢排水良好的酸性土壤，苗期喜荫蔽，进入花期后，颇喜透射阳光。对土壤要求不严，微酸性至中性土壤中均可生长。耐瘠薄，也喜肥，耐涝力强。

玉 龙 蕨

玉龙蕨

玉龙蕨主要生长在高山冻荒漠带，常见于冰川边缘或雪线附近，在碎石和隙间零星散生。暖季（7~8月）地表解冻后可在短期内迅速生长。

玉龙蕨为中国特产品种，有重要的研究价值。

生存现状

玉龙蕨属我国特有物种。产自西藏、云南及四川三省区毗邻的高山上，常生于冰川边缘及雪线附近，零星分布。

海拔下限（米）	4000
海拔上限（米）	4500

形态特征

玉龙蕨是多年生草本，高 10～30 厘米；根状茎短而直立或斜升，连同叶柄和叶轴密被覆瓦状鳞片；鳞片大，卵状披针形，棕色或老时苍白色，边缘具细锯齿状睫毛。叶片线状披针形，具短柄，一回羽状或二回羽裂；羽

玉龙蕨

片卵状三角形或三角状披针形，钝头，基部圆截形，几无柄，边缘常向下反卷，两面密被小鳞片，鳞片披针形，长渐尖头，边缘具细齿状长睫毛。孢子囊群圆形，在主脉两侧各排成 1 行；无盖。

玉龙蕨主要分布于西藏东北的波密，云南西北部丽江、中甸及四川西南部木里、稻城，海拔 4000～4500 米的高山地带。

生长特性

本种主要分布在高山冻荒漠带，由于强烈的寒冻和物理风化作用，地形多为裸岩，峭壁和碎石构成流石滩，即高山冰川下延的地段。高山热量不足，辐射强烈，风力强劲，昼夜温差大，气候严寒恶劣。流石滩常处在冰雪覆盖和冰冻状态，仅有短暂的暖季（7～8 月），当地表解冻消融后，在碎石和隙间零星散生的玉龙蕨才苗壮成长。

水 韭

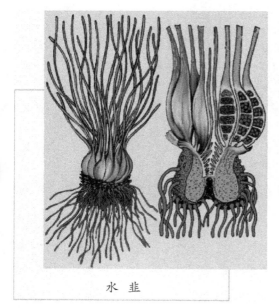

水 韭

石松部水韭目水韭属蕨类植物的统称，约60种。多原产于北美北部和欧亚大陆多沼泽、寒冷的地区。形小，叶禾草状或翦状，螺旋排列，具中央导管和4个通气道，中有横隔分成数腔，叶基处有叶舌。茎球茎状或块茎状，下面生根，上面生叶。孢蒴大，圆形至长圆形，生于叶舌与叶基间，叶基生有一小而薄的叶舌。水韭全年或一年的部分时间沉生在水中，少数品种为陆生。原产于欧亚的普通水韭（即湖沼水韭）和北美的大孢水韭极其相似，均为水生，叶长而尖，坚硬，深绿色，围绕一短粗的基部生长。意大利水韭叶较长，呈螺旋状排列，漂浮在水面。沙水韭是一个不引人注意的欧洲陆生种，叶窄，长5～7厘米，从肥大的白色基部丛中长出，反弯到地面。

中国主要有中华水韭、云贵水韭、高寒水韭、台湾水韭、东方水韭（新近发现命名）。中华水韭又名华水韭，为水韭科多年生沼泽矮小草本植物。植株高15～30厘米；根茎肉质，块状，略呈2～3瓣，具多数二叉分歧的根；向上丛生多数向轴覆瓦状排列的叶，叶多汁，草质，鲜绿色，线形，先端渐尖，基部呈鞘状，膜质，黄白色，腹部凹入，上有三角形渐尖的叶舌，凹入处生孢子囊。孢子期为5月下旬至10月末。

分布于长江流域下游局部地区。主要生长于浅水池沼、塘边和山沟泥土上。喜温和湿润，春夏多雨，冬季晴朗、较寒冷。由于农田生产和养殖

业的发展、自然环境变迁和
水域消失，该种在许多地方
已不复存在。20 世纪 20 年
代于南京玄武湖、明孝陵至
前湖二地采得，标本藏于南
京中山植物园标本室，50 年
代仅在安徽省当涂、休宁和
浙江省余杭等地采得，90 年
代之后在南京、当涂均无发
现。2001 年南京中山植物园

中华水韭

从杭州引入栽培于蕨类植物区。由于本种植物的生境特殊，将有灭绝的
危险。

　　中华水韭是水韭科中生存的孑遗种，在分类上被列为似蕨类，即小型
蕨类，没有复杂的叶脉组织的种类，因此在系统演化上有一定的研究价值，
它又是一种沼泽指示植物。

巨　柏

地理分布

　　巨柏分布在西藏（林芝、郎
县、米林、波密）。

生存现状

　　巨柏是 1974 年在西藏东部发
现的一种特有植物，分布区狭窄。

巨　柏

现有林木的年龄多在百年以上，其中有些是千年古树。它在山坡上天然更
新困难，但沿雅鲁藏布江可见其幼苗。

海拔下限（米）	3000
海拔上限（米）	3400

形态特征

常绿大乔木，高 25~45 米，胸径达 1~3 米，稀达 6 米；树皮条状纵裂；生鳞叶的枝排列紧密，常呈四棱形，常被蜡粉，末端的小枝粗 1.5~2 毫米，3~4 年生枝呈淡紫褐色或灰紫褐色，叶鳞形，交叉对生，紧密排成四列，背有纵脊或微钝，近基部有 1 个圆形腺点。球果单生于侧枝顶端，翌年成熟，长圆状球形，常被白粉，长 1.6~2 厘米，直径 1.3~1.6 厘米；种鳞交互对生，6 对，木质，盾形，露出部分平，呈多角形，中央有明显而凸起的尖头，能育种鳞具有多数种子；种子近扁平呈褐色，两侧具窄翅。

生长特性

有些巨柏是千年古树

分布区地处印度洋潮湿季风沿雅鲁藏布江河谷西进的路径，但强度已减弱，而西部高原干旱气流的影响却逐渐占优势。年均温 8.4℃，极端最低温 -15.3℃；年降水量不足 500 毫米，集中于 6~9 月，相对湿度为 65% 以下。土壤为中性偏碱的沙质土。该树种适于干旱多风的高原河谷环境，常生长在沿江地段的河漫滩及干旱的阴坡组成稀疏的纯林。具有抗寒、抗强风的特性。球果 9~10 月成熟。

苏 铁

生态习性

苏铁喜光，稍耐半阴。喜温暖，不甚耐寒，上海地区露地栽植时，需在冬季采取稻草包扎等保暖措施。喜肥沃湿润和微酸性的土壤，但也能耐干旱。生长缓慢，10 余年以上的植株可开花。

左侧为雌花，右侧为雄花

苏铁的株形美丽、叶片柔韧，较为耐阴，其既可室外摆放，又可室内观赏，由于其生长速度很慢，因此售价较高。苏铁喜微潮的土壤环境，由于它生长的速度很慢，因此一定要注意浇水量不宜过大，否则不利其根系进行正常的生理活动。从每年 3 月起至 9 月止，每周为植株追施一次稀薄液体肥料，能够有效地促进叶片生长。苏铁喜光照充足的环境。尽量保持环境通风，否则植株易生介壳虫。苏铁喜温暖，忌严寒，其生长适温为 20℃～30℃，越冬温度不宜低于 5℃。

形态特征

常绿乔木，高可达 20 米。茎干呈圆柱状，不分枝。仅在生长点破坏后，

12

苏铁果叶

才能在伤口下萌发出丛生的枝芽，呈多头状。茎部密被宿存的叶基和叶痕，并呈鳞片状。叶从茎顶部生出，羽状复叶，大型。小叶线形，初生时内卷，后向上斜展，微呈"V"形，边缘显著向下反卷，厚革质，坚硬，有光泽，先端锐尖，叶背密生锈色绒毛，基部小叶成刺状。雌雄异株，6~8月开花，雄球花为圆柱形，黄色，密被黄褐色绒毛，直立于茎顶；雌球花扁球形，上部羽状分裂，其下方两侧着生有2~4个裸露的胚球。种子10月成熟，种子大，卵形而稍扁，苏铁经修剪后的植株形态熟时呈红褐色或橘红色。

苏铁雌雄异株，花形各异，雄花长椭圆形，挺立于青绿的羽叶之中，黄褐色；雌花扁圆形，浅黄色，紧贴于茎顶，花期6~8月。种子卵圆形，微扁，熟时红色。其实铁树是裸子植物，只有根、茎、叶和种子，没有花这一生殖器官，所以，铁树的花，是它的种子。种子成熟期为10月份。

苏铁果包是由许多这样的果叶组成的

产地分布

赤铁原产于我国南部，为世界上生存最古老的植物之一。在福建、广东省和台湾地区均有分布。日本、印尼及菲律宾亦有分布。

银　杏

银杏为落叶乔木。5月开花，10月成熟。果实为橙黄色的种实核果。银杏是一种孑遗植物。和它同门的所有其他植物都已灭绝。银杏是现存种子植物中最古老的孑遗植物。变种及品种有：黄叶银杏、塔状银杏、裂银杏、垂枝银杏、斑叶银

银杏

杏。银杏生长较慢，寿命极长，从栽种到结果要20多年，40年后才能大量结果，寿命达到千余岁，现存3500余年大树仍枝叶繁茂果实累累，是树中的老寿星。在山东日照浮来山的定林寺内有一棵大银杏树，相传是商代种植的，距今已有3500多年历史了。

银杏最早出现于3.45亿年前的石炭纪。曾广泛分布于北半球的欧、亚、美洲，中生代侏罗纪银杏曾广泛分布于北半球，白垩纪晚期开始衰退。至50万年前，发生了第四纪冰川运动，地球突然变冷，绝大多数银杏类植物濒于绝种，在欧洲、北美和亚洲绝大部分地区灭绝，只有中国自然条件优越，才奇迹般地保存下来。所以，被科学家称为"活化石"、"植物界的熊猫"。野生状态的银杏残存于中国江苏徐州北部（邳州市）山东南部临沂（郯城县）地区浙江西部山区。浙江天目山，湖北省安陆市、大别山、神农架等地都有野生、半野生状态的银杏群落。由于个体稀少，雌雄异株，如不严格保护和促进天然更新，将被残存林取代。银杏分布区大都属于人工栽培区域。主要大量栽培于中国、法国和美国南卡罗莱纳州。毫无疑问，

银杏叶

国外的银杏都是直接或间接从中国传入的。

银杏树高大挺拔，叶似扇形。冠大荫状，具有降温作用。叶形古雅，寿命绵长。无病虫害，不污染环境，树干光洁，是著名的无公害树种，这有利于银杏的繁殖和增添风景。适应性强，银杏对气候土壤要求都很宽泛。抗烟尘、抗火灾、抗有毒气体。银杏树体高大，树干通直，姿态优美，春夏翠绿，深秋金黄，是理想的园林绿化、行道树种。可用于园林绿化、行道、公路、田间林网、防风林带的理想栽培树种。被列为中国四大长寿观赏树种（松、柏、槐、银杏）。

中国不仅是银杏的故乡，而且也是栽培、利用和研究银杏最早，成果最丰富的国家地区之一。古往今来，无论是银杏栽培面积，还是银杏产量，中国均居世界首位。从现存古银杏树的树龄来看，中国商、周之间即有银杏栽植。

银杏是中国特有而丰富的经济植物资源。外种皮可提栲胶。木材浅黄色，细致、轻软，供建筑、家具、雕刻及其他工艺品用，又为庭园树、行道树用。种子含有氢氰酸、组胺酸、蛋白质等。种仁供食用，多食中毒，中医学上以种子和叶可以入药，性平、味苦涩，有小毒。

形态特征

银杏树为落叶大乔木，高达40米，胸径可达4米，幼树树皮近平滑，浅灰色，大树之皮灰褐色，不规则纵裂，有长枝与生长缓慢的距状短枝。叶互生，在长枝上辐射状散生，在短枝上3~5枚成簇生状，有细长的叶柄，扇形，两面淡绿色，在宽阔的顶缘多少具缺刻或2裂，宽5~15厘米，具多

14

数叉状细脉。雌雄异株，稀同株，球花单生于短枝的叶腋；雄球花成菜荑花序状，雄蕊多数，各有 2 花药；雌球花有长梗，梗端常分两叉（稀 3～5 叉），叉端生 1 具有盘状珠托的胚珠，常 1 个胚珠发育成发育种子。

银杏果

种子核果状，具长梗，下垂，椭圆形、长圆状倒卵形、卵圆形或近球形，长 2.5～3.5 厘米，直径 1.5～2 厘米；假种皮肉质，被白粉，成熟时淡黄色或橙黄色；种皮骨质，白色，常具 2（稀 3）纵棱；内种皮膜质，淡红褐色。

百山祖冷杉

物种现状

百山祖冷杉系近年来在我国东部中亚热带首次发现的冷杉属植物。由于当地群众有烧垦的习惯，自然植被多被烧毁，分布范围狭窄，加以本种开花结实的周期长，天然更新能力弱，百山祖冷杉仅见于浙江南部庆元县百山祖，海拔 1856.7 米。现仅存 5 株，1988 年被世界受危胁植物委员会评为最濒危的 12 种植物之一，其中一株衰弱，一株生长不良。

形态特征

常绿乔木，具平展、轮生的枝条，高 17 米，胸径达 80 厘米；树皮灰黄色，不规则块状开裂；小枝对生，1 年生枝，淡黄色或灰黄色，无毛或凹槽中有疏毛；冬芽卵圆形，有树脂，芽鳞淡黄褐色，宿存。叶呈螺旋状排列，

百山祖冷杉

在小枝上面辐射伸展或不规则两列，中央的叶较短，小枝下面的叶呈梳状，线形，长 1～4.2 厘米，宽 2.5～3.5 毫米，先端有凹下，下面有两条白色气孔带，树脂道 2 个，边生或近边生。雌雄同株，球花单生于去年生枝叶腋；雄球花下垂；雌球花直立，有多数螺旋状排列的球鳞与苞鳞，苞鳞大，每一珠鳞的腹面基部有 2 枚胚珠。球果直立，圆柱形，有短梗，长 7～12 厘米，直径 3.5～4 厘米，成熟时淡褐色或淡褐黄色；种鳞呈扇状四边形，长 1.8～2.5 厘米，

百山祖冷杉

宽 2.5～3 厘米；苞鳞窄，长 1.6～2.3 厘米，中部收缩，上部圆，宽 7～8 毫米，先端露出，反曲，具凸起的短刺状；成熟后种鳞、苞鳞从宿存的中轴上脱落；种子倒三角形，长约 1 厘米，具宽阔的膜质种翅，种翅为倒三角形，长 1.6～2.2 厘米，宽 9～12 毫米。

生态和特性

百山祖冷杉产地位于东部亚热带高山地区，气候特点是温度低、湿度大、降水多、云雾重。年平均气温 8℃～9℃，极端最低 -15℃；年降水量达 2300 毫米，相对湿度 92%。成土母质多为凝灰岩、流纹岩之风化物，土

壤为黄棕壤，呈酸性，pH 值为 4.5，
叶林，伴生植物主要有亮叶水青
冈，林下木为百山祖玉山竹和华赤
竹。本种幼树极耐阴，但生长不
良。大树枝条常向光面屈曲。结实
周期 4~5 年，多数种子发育不良，
5 月开花，11 月球果成熟。

百山祖冷杉幼树极耐阴

梵净山冷杉

　　梵净山冷杉是常绿乔木，高 22 米，胸径 65 厘米。冬芽卵球形。叶在小枝下面呈梳状，在上面密集，向外向上伸展。叶上有树脂道 2 个，边生或近边生。球

梵净山冷杉

果呈圆柱状长圆形，直立，
成熟时深褐色，长 5~6 厘
米，直径约 4 厘米。种子
长卵圆形，微扁，种翅倒
楔形，褐色或灰褐色。

　　适宜于夏凉冬冷，雨
量充沛的亚热带季风山地
气候。土壤为山地黄棕壤，
较湿润肥沃，pH 值为 4.5
~6.5。耐阴性强，喜冷
湿，一般多为纯林，也有
混交林。通常 5~6 月开

花，球果 10 ~ 11 月成熟。结实年龄在林缘 40 ~ 50 年，结实周期 4 ~ 5 年。

地理分布

冷杉属是北温带阴暗针叶林的建群种类，世界上共有 50 余种。20 世纪 80 年代中期，中国在亚热带陆续发现冷杉属植物 3 种，是植物界的奇迹。其中贵州的梵净山冷杉，不但为残留的稀有种类，且构成一定小面积的冷杉林，是重大发现之一，也是迄今为止最后发现的一种冷杉及其形成的冷杉垂直带群落。梵净山冷杉林的发现对植物区系学、植物群落学、植被地理学、古生物学、古气候、冰川学等学科都有一定的科学意义。

梵净山冷杉

生存现状

梵净山冷杉是濒危种。梵净山冷杉是我国贵州省特有植物，为冷杉属中稀有种类，目前仅在梵净山局部地区发现，由于数量稀少，且系第四纪残遗植物，因此必须加以很好的保护。

形态特征

常绿乔木，高达 22 米，胸径 65 厘米；大枝平展，1 年生小枝红褐色，2 ~ 3 年生小枝深褐色；冬芽卵球形。叶在小枝下面呈梳状，在上面密集，向外向上伸展，成 "V" 形凹陷，中央的叶较短，线形，长 1 ~ 4.3 厘米、宽 2 ~ 3 毫米，先端凹缺，上面深绿色，有凹槽，无气孔线，下面有 2 条粉白色气孔带，树脂道 2 个，边生或近边生。

球果呈圆柱状长圆形，直立，成熟时深褐色，长 5 ~ 6 厘米，直径约 4 厘米，具短梗；种鳞肾形，长约 1.5 厘米、宽 1.8 ~ 2.2 厘米，鳞背露出部分密生短毛；苞鳞长为种鳞的 4/5，不露出或微露出，顶端微凹或平截，具长的刺状突尖，顶端边缘有不规则细齿；种子长卵圆形，微扁，长约 8 毫米；种翅倒楔形，褐色或灰褐色，连同种子长约 1.5 厘米。

梵净山冷杉叶果形态图示

生态特性

梵净山冷杉分布区的气候特点是夏凉冬冷，雨量充沛，云雾多，温度底，霜降频繁，冬季积雪。海拔 2200 米的贵州烂茶顶年平均气温 7.3℃，最热月平均温 16.2℃，最冷月平均气温 - 2.3℃，年降水量 2600 毫米，平均相对湿度 92.5%。地形多为接近山脊的陡峻山坡，坡向北、北西或北东，坡度一般在 50 ~ 60 度。土壤为山地黄棕壤，较湿润肥沃，土层一般较薄，成土母质为板溪群板岩，表层有机质丰富，腐殖质层厚 2 ~ 3 厘米，有机质含量为 17.17% ~ 23.88%，pH 值为 4.5 ~ 6.5。梵净山冷杉为阴性树种。耐荫性强，喜冷湿，一般多为纯林，也有混交，主要伴生植物有铁杉、扇叶槭、灯笼花、樱花等。本种叶芽开放迟，一般多在 6 月开始抽稍，7 月顶芽出现，通常 5 ~ 6 月开花，球果 10 ~ 11 月成熟。高生长期较短，林中异龄性大，林层世代明显，结实年龄在林缘 40 ~ 50 年，结实周期 4 ~ 5 年，果实出籽率少，由于林下荫蔽度大，天然更新出苗不多，生长势差。

元宝山冷杉

元宝山冷杉

生存现状

元宝山冷杉是濒危种，是近来首次在广西境内发现的冷杉属植物之一，仅产于融水县元宝山。为古老的残遗植物，现存百余株，多为百龄以上的林木。由于结实周期较长（3~4 年），松鼠为害和林下箭竹密布，天然更新不良，林中很少见到幼树。因此极需采取保护措施，以利物种的繁衍。

元宝山冷杉是广西特有物种，列入《中国植物红皮书》的珍稀濒危植物，种群数量不足 900 株。在元宝山自然保护区设置 5 块样地，应用相邻格子法进行调查获取野外资料，对元宝山冷杉种群进行统计，编制种群的特定时间生命表，绘制大小结构图和存活曲线，并进行种群动态谱分析；应用理论分布模型和聚集强度指数进行处群分布格局分析，结果表明：元宝山冷杉种群幼苗个体比例大，大个体级死亡率较高，个体胸径超过 21 厘米后，生命期望陡降。谱分析表明，种群的动态过程存在周期性。由于种内和种间竞争的影响及林窗效应，种群结构有波动性变化过程，元宝山冷杉种群当前仍为稳定型种群，元宝山冷杉种群呈现聚集分布，在不同发育阶段的分布格局有差异：幼苗、幼树阶段为集群分布；中龄阶段向随机分布发展；大树呈均匀分布，种群在不同发育阶段的空间分布格局差异与其生物学和生态学特性密切相关，同时受群落内小环境的影响。元宝山冷杉濒危的主要原因有：分布范围小，天然更新能力差，幼苗死亡率高，受群落生境限制，动物活动的影响等。

形态特征

元宝山冷杉是常绿乔木，高达25米，胸径60～80厘米；树干通直，树皮为暗红褐色，不规则块状开裂；小枝呈黄褐色或淡褐色，无毛；冬芽圆锥形，褐红色，具树脂。叶在小枝下面列呈2列，上面的叶密集，向外向上伸展，中央的叶较短，长1～2.7厘米，宽1.8～2.5毫米，先端钝有凹缺，上面绿色、中脉凹下，下面有2条粉白色气孔带，横切面有2个边生树脂道；幼树的叶长3～3.8厘米，先端通常2裂。球果直立，短圆柱形，长8～9厘米，直径4.5～5厘米，成熟时淡褐黄色；种鳞呈扇状四边形，长约2厘米，宽2.2厘米，鳞背密生灰白色短毛；苞鳞长约种鳞的4/5，微外露，中部较宽，约9毫米，先端有刺尖；种子为倒三角状椭圆形，长约1厘米；种翅倒三角形，淡黑褐色，长约为种子的1倍，宽9～11毫米。

元宝山冷杉生于以落叶阔叶树为主的针阔叶混交林中

生态特性

元宝山冷杉分布于中亚热带中山上部，生于以落叶阔叶树为主的针阔叶混交林中。产区夏凉冬冷，年平均气温12℃～15℃，极端最低温－12℃，年平均降水量2400毫米，雾多，湿度大。土壤主要为由花岗岩发育成的酸性黄棕壤，pH值为4～5，表土层为枯枝落叶所覆盖的黑色腐殖质土。幼苗耐荫蔽，成长后喜光，耐寒冷。

适于生长在中亚热带山地，以落叶阔叶树为主的针阔叶混交林中。土壤主要为由花冈岩发育成的酸性黄棕壤，pH值为4.5～5。幼树耐荫蔽，成长后喜光，耐寒冷。生长较慢，一般每隔3～4年结果一次。5月开花，10月果熟。

其主要伴生树种为南方铁杉、南方红豆杉、粗榧、短叶罗汉松包槲柯、水青冈等，林下多生长茂密的长尾筱竹。

资源冷杉

生存现状

资源冷杉是濒危种，资源冷杉是近年来在广西东北部、湖南西南部局部山区发现的冷杉属植物，散生于针阔混交林内。由于植株较少，又多属老龄林木，结实间隔期长，林内箭竹密生，天然更新不良，若不采取保护措施，有可能被阔叶树种所更替。

濒危原因

资源冷杉是我国特有的珍稀濒危植物，局限分布在广西资源的银竹老山和湖南新宁的舜皇山。对银竹老山资源冷杉种群衰退状况的研究结果表

22

明，导致资源冷杉种群退化的首要因素是发生频率高、影响范围广、持续时间长的人为砍伐破坏其所依存的森林环境以及其分布地的集中放牧，其次是它自身生物学特性的限制，也造成在自然状态下出现其种群数量不易扩大的局面。要实现资源冷杉种群的保护，解除其濒危状态，以免绝灭，必须立刻停止人为干扰，并进一步加强对它繁育系统的研究。

资源冷杉树

形态特征

资源冷杉

常绿乔木，高20～25米，胸径40～90厘米；树皮灰白色，片状开裂；1年生枝淡褐黄色，老枝灰黑色；冬芽圆锥形或锥状卵圆形，有树脂，芽鳞淡褐黄色。叶在小枝上面向外向上伸展或不规则2列，下面的叶呈梳状，线形，长2～4.8厘米、宽3～3.5毫米，先端有凹缺，上面深绿色，下面有2条粉白色气孔带，树脂道边生。球果为椭圆状圆柱形，长10～11厘米，直径4.2～4.5厘米，成熟时暗绿褐色；种鳞呈扇状四边形，长2.3～2.5厘米，宽3～3.3厘米；苞鳞稍较种鳞为短，长2.1～2.3厘米，中部较

窄缩，上部圆形，宽9～10毫米，先端露出，反曲，有凸起的短刺尖；种子倒三角状椭圆形，长约1厘米，淡褐色；种翅倒三角形，长2.1～2.3厘米，淡紫黑灰色。

生态特征

　　资源冷杉分布区地处中亚热带中山上部，气候夏冷冬寒，雨量充沛，雪期及冰冻期较长，终年多云雾，日照少。年平均气温8℃～12℃，极端最低温 –5℃～8℃，较强寒潮年份可出现 –13℃的低温，年降水量1800～2400毫米，相对湿度85%～90%。成土母岩多为花岗岩与砂页岩，土壤为酸性黄棕壤，pH值为4.5～5，林内有大量的枯枝落叶。

　　资源冷杉散生于针、阔混交林中，树冠高耸于阔叶林层之上，主要树种有南方铁杉、亮叶水青冈、多脉青冈、华南桦、交让木、银木荷、吴茱萸五加等。林下多生长茂密的南岭箭竹，在竹类或灌木较少的林地上天然更新良好，幼树耐阴，大树需要一定的光照。

　　花期在4～5月，球果10月成熟。结实有间隔期。

银　杉

　　银杉是中国特有的世界珍稀物种，和水杉、银杏一起被誉为植物界的"国宝"，国家一级保护植物。

　　银杉分布于广西北部龙胜县花坪及东部金秀县大瑶山，湖南东南部资兴、桂东、雷县及西南部城步县罗汉

银　杉

洞，重庆金佛山、柏枝山、箐竹山与武隆县白马山，贵州道真县大沙河与桐梓县白芷山。生于海拔 940～1870 米地带的局部山区。

生长历史

远在地质时期的新生代第三纪时，银杉曾广泛分布于北半球的欧亚大

银杉的叶背面有两条银白色气孔带

陆，在德国、波兰、法国及俄罗斯曾发现过它的化石，但是，距今 200 万～300 万年前，地球覆盖着大量冰川，几乎席卷整个欧洲和北美，但欧亚的大陆冰川势力并不大，有些地理环境独特的地

区，没有受到冰川的袭击，而成为某些生物的避风港。银杉、水杉和银杏等珍稀植物就这样被保存了下来，成为历史的见证者。银杉在我国首次发现的时候，和水杉一样，也曾引起世界植物界的巨大轰动。那是 1955 年夏季，我国的植物学家钟济新带领一支调查队到广西桂林附近的龙胜花坪林区进行考察，发现了一株外形很像油杉的苗木，后来又采到了完整的树木标本。他将这批珍贵的标本寄给了陈焕镛教授和匡可任教授，经他们鉴定，认为它就是地球上早已灭绝的、现在只保留着化石的珍稀植物——银杉。50 年代发现的银杉数量不多，且面积很小，自 1979 年以后，在湖南、四川和贵州等地又发现了十几处，1000 余株。

　　银杉是松科的常绿乔木，主干高大通直，挺拔秀丽，枝叶茂密，尤其是在其碧绿的线形叶背面有两条银白色的气孔带，每当微风吹拂，便银光

闪闪，更加诱人，银杉的美称便由此而来！

濒危现状

松科银杉是 20 世纪 50 年代在我国发现的松科单型属植物，间断分布于大娄山东段和越城岭支脉。最初仅见于广西龙胜县花坪和四川南川县金佛山。近年不但在上述两地找到了新分布点，而且还在其毗邻的山区

26

银杉枝体形态

发现了银杉。迄今，已知银杉分布在广西、湖南、四川、贵州 4 省（区）10 县的 30 多个分布点上，除金佛山老梯子分布较多外，其他分布点上，最多达几十株，最少仅存一株。由于银杉生于交通不便的中山山脊和帽状石山的顶部，故未遭到过多的人为破坏。银杉生长发育要求一定的光照，在荫蔽的林下，会导致幼苗、幼树的死亡和影响林木的生长发育，若不采取保护措施，将会被生长较快的阔叶树种更替而陷入灭绝的危险。

海拔下限（米）	940
海拔上限（米）	1870

形态特征

银杉属裸子植物，松科，是国家一级保护植物。别名衫公子，是一种高十至二十几米的常绿乔木。它是我国特产的属于第三纪残遗下来的珍稀植物。

银杉球花

常绿乔木，具开展的枝条，高达24米，胸径通常达40厘米，少部分达85厘米；树干通直，树皮暗灰色，裂成不规则的薄片；小枝上端和侧枝生长缓慢，浅黄褐色，无毛，或初被短毛，后变无毛，具微隆起的叶枕；芽无树脂，芽鳞脱落。叶呈螺旋状排列，辐射状散生，在小枝上端和侧枝上排列较密，线形，微曲或直通常长4～6厘米，宽2.5～3毫米，先端圆或钝尖，基部渐窄成不明显的叶柄，上面中脉凹陷，深绿色；无毛或有短毛，下面沿中脉两侧有明显的白色气孔带，边缘微反卷，横切面上有2个边生树脂道；幼叶边缘具睫毛。雌雄同株，雄球花通常单生于2年生枝叶腋；雌球花单生于当年生枝叶腋。球果两年成熟，卵圆形，长3～5厘米，直径1.5～3厘米，熟时淡褐色或栗褐色；种鳞13～16枚，木质，蚌壳状，近圆形，背面有短毛，腹面基部着生两粒种子，宿存；苞鳞小，卵状三角形，具长尖，不露出；种子倒卵圆形，长5～6毫米，暗橄榄绿色，具不规则的斑点，种翅长10～15毫米。

生态特征

银杉分布区位于中亚热带，生于中山地带的局部山区。产地气候夏凉冬冷，雨量多、湿度大，多云雾，土壤为石灰岩、页岩、砂岩发育而成的黄壤或黄棕壤，呈微酸性。阳性树种，根系发达，多生于土壤浅薄，岩石裸露，宽通常仅 2～3 米、两侧为

银杉多生长在狭窄山脊

60°～70°陡坡的狭窄山脊，或孤立的帽状石山的顶部或悬崖、绝壁隙缝间。具有喜光、喜雾、耐寒、耐旱、耐土壤瘠薄和抗风等特性。

巧家五针松

地理分布

巧家五针松的分布区域仅限于云南东北部巧家县白鹤滩镇与中寨乡交界的山脊两侧，范围约 5 平方千米，生长在深切割中山上部。

海拔下限（米）	2000
海拔上限（米）	2300

巧家五针松生境分布区处于金沙江干热河谷山体上部，介于温暖性针叶林与温凉性阔叶林天然分布过渡地段，土壤为红壤或黄红壤，pH 值为 6～6.5。

形态特征

巧家五针松

常绿乔木，老树树皮暗褐色，呈不规则薄片剥落，内皮暗白色；冬芽卵球形，红褐色；当年生枝红褐色，密被黄褐色及灰褐色柔毛，稀混生腺体，2年生枝无毛。针叶5（4）针1束，长9～17厘米，纤细，两面具气孔线，边缘有细齿，断面三角形，树脂道3～5个，边生，叶鞘早落。成熟球果圆柱状椭圆形，长约9厘米，直径约6厘米；种鳞长圆状椭圆形，熟时张开，鳞盾显著隆起，鳞脐被生。凹陷，无刺，横脊明显。种子为长椭圆形或倒卵圆形，黑色，种翅长约1.6厘米，具黑色纵纹。

生存现状

巧家五针松于1992年才被发现，是国家一级保护濒危植物，因全世界仅在巧家有分布而得名。2004年还有报道指出有34株存活，而目前其野生种群总数仅剩下31株，是全世界个体数量最少的物种，被誉为"植物界的大熊猫"。它分布于昭通市巧家县境内的药山自然保护区，仅限于新华镇杨家湾办事处与中寨乡付山村交界的山脊两侧，其天然更新力极差。

巧家五针松

长 白 松

长白松又名"美人松"，分为松科，松属，为欧洲赤松的地理变种。

现在渐危种。仅零散分布于长白山北坡。由于未严加保护，在二道白河沿岸散生的小片纯林，逐年遭到破坏，分布区日益缩小。

形态特征

常绿乔木，高 25 ~ 32 米，胸径 25 ~ 100 厘米；下部树皮淡黄褐色至暗灰褐色，裂成不规则鳞片，中上部树皮淡褐黄色到金黄色，裂成薄鳞片状脱落；冬芽卵圆形，有树脂，芽鳞红褐色；一年生枝浅褐绿色或淡黄褐色，无毛，三年生枝灰褐色。针叶2针一束，较粗硬，稍扭曲，微扁，长4~9厘米、宽1~2毫米，边缘有细锯齿，两面有气孔线，树脂道4~8个，边生，稀1~2个中生，基部有宿存的叶鞘。雌球花暗紫红色，幼果淡褐色，有梗，下垂。球果锥状卵圆形，

长白山的长白松

长4~5厘米，直径3~4.5厘米，成熟时淡褐灰色；鳞盾多少隆起，鳞脐突起，具短刺；种子呈长卵圆形或倒卵圆形，微扁，灰褐色至灰黑色，种翅有关节，长1.5~2厘米。

地理分布

　　长白松天然分布区很狭窄，只见于吉林省安图县长白山北坡，海拔700～1600米的二道白河与三道白河沿岸的狭长地段，尚存小片纯林及散生林木。

生态特性

长白松又叫美人松

　　长白松分布区的气候温凉，湿度大，积雪时间长。年平均气温4.4℃，1月份平均温－18℃～－15℃，7月份平均温20℃～22℃以上，极端最高温37.5℃，极端最低温－40℃左右；年降水量600～1340毫米，相对湿度70％以上，无霜期90～100天。土壤为发育在火山灰土上的山地暗棕色森林土及山地棕色针叶森林土，二氧化硅（SiO_2）粉末含量大，腐殖质含量少，保水性能低而透水性能强，pH值为4.7～6.2。

　　长白松为阳性树种，根系深长，可耐一定干旱，在海拔较低的地带常组成小块纯林，在海拔 1300 米以上常与红松、红皮云杉、长白鱼鳞云杉、臭冷杉、黄花落叶松等树种组成混交林。花期为 5 月下旬至 6 月上旬，球果翌年 8 月中旬成熟，结实间隔期 3～5 年。

台湾穗花杉

台湾穗花杉是红豆杉科，分布于中国台湾地区，现在是台湾特有的稀有珍贵植物。

形态特征

常绿小乔木，高可达 10 米，胸径 30 厘米，叶呈镰刀状，长 5～8.5 厘米，表面深绿色且具光泽，里面具 2 道白色气孔带。叶缘反卷，雌雄异株，雄花序穗状，3～5 穗生长于小枝顶端，雌花单生于叶腋，一芽 4～6 朵。种实核果状、腋生、长柄、椭圆形、暗紫色，为古老的残遗植物。

分布在台湾南部中央山脉海拔 700～1300 米间天然阔叶林。如姑子仑

台湾穗花杉

台湾穗花杉是台湾稀有珍贵植物

山、南大武山、大汉山、浸水营、草埔、里龙山，在岭线两侧呈带状不连续分布。与穗花杉的区别在于白色气孔带较绿色边带宽2～3倍，种子倒卵状椭圆形，雄球花穗长不及5厘米。

33

云南穗花杉

云南穗花杉中文科名是红豆杉科。分布于云南（文山州）、贵州（兴义）。

现在是濒危种。云南穗花杉过去仅产于云南东南部，最近在毗邻的贵州西南部兴义也已发现。由于森林采伐过度，致使生于林下而有限的云南穗花杉明显减少，有灭绝的危险。

云南穗花杉

形态特征

常绿小乔木，高 5～12 米；小枝对生，微具棱脊，淡黄褐色。叶交互对生，二列，革质，线形或披针状线形，通常较直，长 3.5～10 厘米，宽 8～15 毫米，先端钝或渐尖，基部宽楔形至近圆，边缘微反曲，下面绿色，中脉隆起，下面有 2 条通常较绿色边带宽 2～3 倍

云南穗花杉喜阴湿环境

的淡褐色或淡黄白色气孔带。雌雄同株，雄球花对生，排成穗状，通常 4～6 穗生于小枝顶端，长 10～15 厘米，雄蕊有 4～8 个辐射排列的花药；雌球花单生于当年生枝的叶腋或苞腋，下垂。种子椭圆形，长 2.2～3 厘米，直径约 1.4 厘米，成熟时假种皮红紫色，基部有宿存苞片；种梗上部扁四棱形，下端扁平，长约 1.5 厘米。

云南穗花杉果

生长特性

零星分布于南亚热带石灰岩山地常绿落叶阔叶混交林中。分布区受季风影响，干、湿季分明，5～10 月为雨季，11 月～翌年 4 月为旱季，年降水量约 1500 毫米，雾多，

湿度大。土壤为棕色石灰岩土，排水良好。云南穗花杉喜阴湿环境，为森林中、下层成分。4月开花，第二年4~5月种子成熟。

红 豆 杉

红豆杉

红豆杉又称"紫杉"，也称"赤柏松"，属浅根植物。其主根不明显，侧根发达，它是世界上公认的濒临灭绝的天然珍稀抗癌植物，也是第四纪冰川遗留下来的古老树种，在地球上已有250万年的历史。由于在自然条件下，红豆杉生长速度缓慢，再生能力差，所以很长时间以来，世界范围内还没有形成大规模的红豆杉原料林基地。

　　由于红豆杉的提取物紫杉醇具有独特的抗癌机制，美国国立肿瘤研究所所长 BRODER 博士称紫杉醇是继阿霉素、顺铂以后，15 年来被认为是对多种癌症疗效较好、副作用小的新型抗癌药物。20 世纪 80 年代开始，美国、英国、俄罗斯、韩国、中国都相继开展了深入的研究。美国率先把研究成果应用于医学临床并在治疗各种癌症方面取得了显著的临床效果。从此人类在抗癌领域中又取得了新的突破。所以到目前为止以至在今后相当长的时间内，人类同癌症做抗争的的最有利的武器之一，就是紫杉醇。

生态习性

红豆杉在南北各地均适宜种植，具有喜阴、耐旱、抗寒的特点，要求土壤pH值在5.5～7.0，可与其他树种或果园套种，管理简便，其中东北红豆杉，它是第四纪冰川遗留下的古老树种，在恶劣的

红豆杉果实

气候条件下，顽强的生命力使之在地球上已生活了250多万年。它不但侧根发达、枝叶繁茂、萌发力强，而且适应气候范围广、对土质要求宽泛，还耐修剪、耐寒、耐病虫害。而且可以长成高大的乔木，有的单株甚至可以生长上千年不衰，既可以用作药用品种，还可以用作绿化品种。东北红豆杉在民间传说中，素有"风水神树"之称。

红豆杉是第四纪冰川遗留树种

形态特征

红豆杉属常绿乔木，高30米，干径达1米。叶呈螺旋状互生，基部扭转为二列，条形略微弯曲，长1～2.5厘米，宽2～2.5毫米，叶缘微反曲，叶端渐尖，叶背有2条宽黄绿色或灰绿色气孔带，中脉

上密生有细小凸点，叶缘绿带极窄，雌雄异株，雄球花单生于叶腋，雌球花的胚珠单生于花轴上部侧生短轴的顶端，基部有圆盘状假种皮。种子扁

卵圆形，有2棱，种卵圆形，假种皮杯状，红色。

水 松

盆栽水松

生存现状

水松属在第三纪，不仅种类多，而且广泛分布于北半球，到第四纪冰期以后，欧洲、北美东亚及我国东北等地均已灭绝，仅残留水松一种，分布于我国南部和东南部局部地区。因主产区地处人口稠密、交通方便的珠江三角洲及闽江下游，破坏严重，现存植株多系零散生长。

目前，在福建省宁德市屏南县的岭下乡上楼村附近的一片高山湿地之中，有目前世界唯一成林成片的水松72株，株株枝干挺拔，胸径在60~80厘米。水松是冰川世纪孑遗植物，国家一级珍贵树种。国内外有许多专家前往考察，将水松林誉为"植物活化石群"。

形态特征

半常绿性乔木，高达25米，胸径60~120厘米；树皮褐色或灰褐色，裂成不规则条片。内皮淡红褐色；枝稀疏，平展，上部枝斜伸。叶延下生长，鳞形、线状钻形及线形，常二者生于同一枝上；在宿存枝上的叶甚小，鳞形，长2~3毫米，螺旋状排列，紧贴或先端稍分离；在脱落枝上的叶较长，长9~30毫米，线状钻形或线形，开展或斜展成2列或3列，有棱或两

水松被誉为"植物化石"

侧扁平。雌雄同株，球花单生枝顶；雄球花有 15～20 枚螺旋状排列的雄蕊，雄蕊通常有 5～7 个花药；雌球花卵球形，有 15～20 枚具 2 胚珠的珠鳞，托以较大的苞鳞。球果倒卵圆形，长 2～2.5 厘米，直径 1.3～1.5 厘米，直立；种鳞木质，与苞鳞近结合而生，扁平，倒卵形，背面接近上部边缘有 6～9 个微反曲的三角状尖齿，近中部有 1 反曲的尖头；种子下部有膜质长翅。

生长特性

分布区位于中亚热带东部和北热带东部，气候温暖湿润，水量充沛。水松耐水湿，为阳性树种，除盐碱地外在各种土壤上均能生长。幼苗时期主根发达，10 多年后主根停止生长，侧根发达，生于水边或沼泽地的树干基部膨大呈柱槽状，并有露出土面或水面的屈膝状呼吸根。种子在天然状态下不易萌发。幼苗或幼树期间需要较充足的阳光和肥沃、湿润的土壤。花期在 2～3 月，球果 9～10 月成熟。

水松林

水　杉

生存现状

　　水杉是稀有种，也是世界上珍稀的孑遗植物。目前中国建了最大的人工培育水杉基地——大丰水杉基地。在中生代白垩纪，地球上已出现水杉类植物。水杉约发展在 250 万年前的冰期以后，这类植物几乎全部绝迹，仅存水杉一种。在欧洲、北美和东亚，从晚白垩至新世纪的地层中均发现过水杉化石，1948 年，植物学家在湖北、四川交界的利川市谋道溪（磨刀溪）发现了幸存的水杉巨树，树龄约 400 余年。后在湖北利川市水杉坝与小河发现了残存的水杉林，胸径在 20 厘米以上的有 5000 多

水　杉

株，还在沟谷与农田里找到了数量较多的树干。随后，又相继在四川石柱县冷水与湖南龙山县塔泥湖发现了 200～300 年以上的大树。

海拔下限（米）	800
海拔上限（米）	1500

　　水杉测量有两种不同目的：①用于木材（如家具装潢）专业测量，木材立方的米尺量截断面，专业计算木材立方米或每立方米的价格。②用于绿化造林的，一般量米径或胸径（1 米处量）。

形态特征

水杉是落叶乔木，高达 35 ~ 41.5 米，胸径达 1.6 ~ 2.4 米；树皮灰褐色或深灰色，裂成条片状脱落；小枝对生或近对生，下垂。叶交互对生，在绿色脱落的侧生小枝上排成羽状二列，线形，柔软，几乎无柄，通常长 1.3 ~ 2 厘米、宽

水杉果实

1.5 ~ 2 毫米，上面中脉凹下，下面沿中脉两侧有 4 ~ 8 条气孔线。雌雄同株，雄球花单生叶腋或苞腋，卵圆形，交互对生排成总状或圆锥花序状，雄蕊交互对生，约 20 枚，花药 3 枚，花丝短，药隔显著；雌球花单生侧枝顶端，由 22 ~ 28 枚交互对生的苞鳞和珠鳞所组成，各有 5 ~ 9 胚珠。球果下垂，当年成熟，果实蓝色，可食用，近球形或长圆状球形，微具 4 棱，长 1.8 ~ 2.5 厘米；种鳞极薄，透明；苞鳞木质，盾形，背面横菱形，有一横槽，熟时深褐色；种子倒卵形，扁平，周围有窄翅，先端有凹缺。每年 2 月开花，果实 11 月成熟。

生长特性

产地的气候温暖湿润，夏季凉爽，冬季有雪而不严寒，年平均气温 13℃，极端最低温 -8℃，极端最高温 35.4℃，无霜期 230 天；年降水量 1500 毫米，年平均相对湿度 82%。土壤为酸性山地黄壤、紫色土或冲积土，pH 值为 4.5 ~ 5.5。多生于山谷或山麓附近地势平缓、土层深厚、湿润或稍

有积水的地方。耐寒性强，耐水湿能力强，在轻盐碱地可以生长，为喜光性树种，根系发达，生长的快慢常受土壤水分的影响，在长期积水排水不良的地方生长缓慢，树干基部通常膨大和有纵棱。花期在 2 月下旬，球果10 月下旬至 11 月成熟。

长喙毛茛泽泻

形态特征

长喙毛茛泽泻

长喙毛茛泽泻是多年生沼生植物。具纤匐枝。叶基生；叶柄细，长 10 ~ 25 厘米，基部为鞘状；叶片呈宽椭圆形或卵状椭圆形，膜质，长 3 ~ 6 厘米，宽 1.5 ~ 3.5 厘米，顶端锐尖，基部心形或钝，具纤毛。花葶长 10 ~ 20 厘米，直立，有花 1 ~ 3 朵；苞片 2 片，长约 7 毫米；外轮花被 3 片。萼片状，宽椭圆形，长约 5 毫米；内轮花被 3 片，花瓣状，与外轮者等长；花托凸出成球形，花后伸长；雄蕊 9 枚，长为花被片的 1/2；心皮多数，分离，花柱呈长喙状。瘦果两侧压扁，长约 5 毫米，宽约 3 毫米，周围有薄翅，具长喙状宿存花柱。

长喙毛茛泽泻分布于我国浙江省，越南和马来西亚也有分布。

41

生长习性

长喙毛茛泽泻喜水湿，常生于池沼中。

物种现状

长喙毛茛泽泻是泽泻科的水生小草本，该属仅有 2 种（另一种分布于非洲），对研究植物系统进化有重要学术价值，被列为国家一级重点保护野生植物。我国于 1930 年在浙江丽水采到一号长喙毛茛泽泻标本，以后 60 年未曾采到，按《濒危植物物种国际贸易公约》的标准，50 年未被确定找到即为灭绝种。1990 年，该物种在江西被专家再次采到，但两年后因生存环境遭破坏而不复存在。目前，湖里湿地是国内唯一的长喙毛茛泽泻的产地。中南林学院专家曾对湖里湿地进行调查，仅发现不到 10 株，其种质资源已处于极度濒危状态。

普陀鹅耳枥

1930 年钟观光教授在浙江普陀山海拔 240 米处发现，1932 年郑万钧教授鉴定并定名为普陀鹅耳枥，除仅有的一株标本树外，此后未在其他地方再有发现。它是国家一级保护濒危种。

普陀是著名佛教圣地，参观过普陀寺庙的人都不会忘记那庙宇院内的一株大树，称为普陀鹅耳枥，它之所以远近闻名，是因为那是仅存的一株，

普陀鹅耳枥

被定为国家级保护植物。普陀鹅耳枥连同普陀大庙成为游览普陀的重要风景点。

普陀鹅耳枥现仅存一株

普陀庙中唯一的植株应倍加保护自不待说，保护的另一举措就是本树的接种研究及大量繁殖。目前杭州植物园已试种成功。

地理分布

普陀鹅耳枥为我国特有种，只产于舟山群岛普陀岛。由于植被破坏，生境恶化，目前仅有一株保存于该岛佛顶山。又因开花结实期间常受大风侵袭，致使结实率很低，种子即将成熟时，复受台风影响而多被吹落，更新能力极弱，树下及周围不见幼苗，已处于濒临灭绝境地。

海拔下限（米）	240
海拔上限（米）	240

形态特征

　　落叶乔木，高达 13 米，胸径为 70 厘米；树皮灰白色，光滑，小枝灰褐色，疏被长柔毛。叶厚纸质，卵状椭圆形至宽椭圆形，长 5～10 厘米，宽 3.5～5 厘米，先端锐尖或渐尖，基部圆形或宽楔形，边缘具不规则的刺芒状重锯齿，下面沿脉密被短柔毛，脉腋间具簇生毛，侧脉 11～13 对；叶柄长 5～10 厘米。花单性，雌雄同株；雄花序着生于 1 年的枝上，长 2.5～3.5 厘米，下垂；果序长 4～8 厘米，直径 4～5 厘米；序梗、序轴均疏被长柔毛或近无毛，果苞的中裂片半宽卵形，长 2.5～3 厘米，内侧基部具长约 3 毫

普陀鹅耳枥

米而内折的卵形小裂片，外侧基部无裂片，中裂片先端圆或钝，外侧边缘具不规则的齿牙状疏锯齿，内侧边缘近全缘，直或微呈镰形。小坚果卵圆形，长 5～6 毫米，无毛，具数肋。分布区受海洋气候影响，全年冬暖夏凉，年平均气温为 16.3℃，1 月平均气温 5.5℃，8 月平均气温 26.8℃，最热月平均气温不超过 30.1℃，最冷月平均气温不低于 3℃，雾期长，相对湿度达

90% 左右，年降水量平均 1200 毫米，雨日一般在 150 日以上。土壤为红壤，pH 值为 5.5～5.7，土层较厚，有机质含量 4.8%，肥力较高。普陀鹅耳枥由于长期生活在云雾较多、湿度较大的生境里，比较耐阴。原长在以蚊母树为优势种的常绿阔叶林内，现仅有一株位于稀疏杂木林林缘，伴生植物主要有山茶、红楠、普陀樟等。根系发达，具有耐旱、抗风等特性。雄花于 4 月上旬先叶开放，雌花与新叶同时开放。果实于 9 月底 10 月初开始成熟。

天目铁木

生存现状

天目铁木

天目铁木是濒危种，天目铁木分布极窄，数量极少，仅产于浙江西天目山，目前只残存 5 株，损伤严重。其中胸径达 1 米的大树主干顶梢已断，另高达 18～21 米的 4 株，其中下部侧枝几乎全部砍掉，生境受到破坏，更新能力很弱，幼苗极少，若不采取有效措施，将有灭绝的危险。

海拔下限（米）	170
海拔上限（米）	170

形态特征

落叶乔木，高 21 米，胸径达 1 米；树皮深褐色，纵裂；一年生。小枝灰褐色，具浅色皮孔，有毛。叶互生，氏椭圆形或椭圆状卵形，长 4.5 ~ 10 厘米，宽 2.5 ~ 4 厘米，先端长渐尖，基部宽楔形或圆钝，叶缘具不规则的锐齿，下面疏被硬毛至几无毛，脉上除短硬毛外间

天目铁木的幼苗极少

或有短柔毛，侧脉 13 ~ 16 对；叶柄长 2 ~ 6 毫米，密生短柔毛。花单性，雌雄同株；雄荑黄花序多 3 个簇生，长 6 ~ 11 厘米；雌花序单生，直立，长 1.8 ~ 2 厘米，有花 2 ~ 7 朵，果多数，聚生成稀疏的总状，果序长 3.5 厘米，总梗长 1.5 ~ 2 厘米，密披短硬毛；果苞膜质，囊状，长倒卵状，长 2 ~ 2.5 厘米，最宽处直径为 7 ~ 8 毫米，顶端圆，具短尖，基部缢缩成柄状，上部无毛，基部具长硬毛，网脉显著。小坚果红褐色，有细纵肋。

生长特性

分布于山麓林缘或林旁。分布区平均气温约 15℃，1 月平均气温 3.3℃，7 月平均气温 28℃，全年降水量 1471 毫米，6 月降水最多，年平均相对湿度为 78%。土壤为红壤，pH 值为 4.7 ~ 5.3。伴生植物主要有马尾松、青冈、苦槠、黄檀、大叶胡枝子等。雄花序 7 月显露至翌年 4 月开放；雌花序随当年生枝伸展而出，4 月中旬叶全展，9 月中旬果熟，11 月中旬落叶。

伯 乐 树

形态特征

伯乐树

伯乐树是落叶乔木，高达 20 米，胸径 60 厘米。奇数羽状复叶，小叶 7 ~ 13 片。大型总状花序顶生，花粉红色。蒴果近球形，棕色。种子橙红色。伯乐树的树体雄伟高大，绿荫如盖，树高达 30 米，胸径可达 1 米，主干通直，出材率高，在阔叶树中十分少见；花大，顶生总状花序，粉红色，非常可爱；蒴果梨形，暗红色，5 ~ 6 月开花，10 ~ 11 月果熟。

该树结实大小年明显。鲜果出种率约为 20%；种子干粒重 515 ~ 755 克，场圃发芽率约 85%。

生态特性

伯乐树垂直分布在海拔 500 ~ 1000 米之间。伯乐树系阴性偏阳树种。幼年喜荫喜湿，中年以上喜光喜湿。在天然林中，一般同甜槠、青冈栎、酸枣、拟赤杨、蓝果树及楠木类等树种混生。对土壤肥力和水分条件要求较高。在天然林中，长在沟边、山谷等土壤肥沃、湿润的地方生长较快；而长在山冈、山顶的则生长不良。

地理分布

伯乐树在我国浙江省庆元、龙泉、遂昌、云和、泰顺等市（县）均有生长，以龙泉城北、锦旗、八都及昴山、凤阳山等地分布较多。

我国云南东部、贵州、广东、广西、四川、湖北、湖南、福建、江西等省区也均有分布。

膝 柄 木

膝柄木是濒危种。膝柄木是近年发现的热带树种，产地只存一株大树，很少开花结实，林下未见幼树。急待采取保护措施，以免遭绝灭。膝柄木是卫矛科膝柄木属植物中分布最北的一个种，目前仅在广西海岸发现 3 株成年树和 7 株幼树，是我国几乎绝迹的特有种。膝柄木花期在 7～9 月，次年 3～4 月果实成熟，很难有性繁殖。

膝柄木

生存现状

膝柄木现仅存 10 株，卫矛科半常绿乔木，濒危种。我国仅此一种。广西西南部发现的膝柄木是该属分布最北的种类，对研究我国种子植物区系地理及其热带亲缘具有重要的科学价值。

形态特征

膝柄木的花呈淡白色

膝柄木是半常绿乔木，高13米，胸径60厘米；树皮黄褐色，有发达的板状根；小枝粗壮；芽圆锥形，芽鳞2～3枚，三角状卵形，长5～8毫米。叶薄革质，长圆形或长圆状披针形，长9～17厘米，宽3～6厘米，先端渐尖，基部近圆形，侧脉11～14对，脉细密成格状；叶柄长1.5～3厘米；托叶早落。

总状花序生于枝梢叶腋，长2～3厘米；花淡白色，花梗长2毫米；萼片5，披针形，长1.5毫米；花瓣5片，长圆形，长2毫米，着生于花盘外围；花盘环形，具密而细小乳状凸起；雄蕊5枚，长2毫米；子房球形，顶端具有一丛长毛，花柱2裂，长0.8毫米。蒴果长卵圆形，长2.5～2.8厘米，先端略尖，果瓣薄革质；种子1颗，长约2厘米，种皮黑褐色，有光泽，假种皮红色，肉质，全部或近全部包着种子，干后黄褐色。

生长特性

产地位于热带北缘，年平均气温22℃，最冷月平均气温14℃，最热月平均气温28℃，极端最低温－0.5℃，极端最高温38℃，年积温多在7819℃以上，年降水量1200～1575毫米，相对湿度82%。膝柄木是一种热带树种，板根明显，露出地面的根还能萌发出植株，生长迅速。与其伴生的主要植物有豹皮樟、潺槁木姜子、红枝蒲桃和山小橘等。

49

50

萼 翅 藤

形态特征

萼翅藤是常绿蔓生大藤木，高
5～15 米，茎的直径为 5～20 厘米；
茎皮灰白色，枝纤细，密被柔毛。
叶对生，革质、卵形或椭圆形，长
5～12 厘米，宽 3～6 厘米，上面主
脉及侧脉上被毛，下面密被鳞片及
柔毛，侧脉 5～10 对，连同网脉在
两面明显；叶柄长 8～12 毫米，密
被柔毛。总状花序腋生或集生枝
顶，形成大型聚伞状花序；花小，
苞片呈卵形或椭圆形，密被柔毛；
花萼杯状，5 裂，裂片三角形；无
花瓣；雄蕊 10 枚，2 轮排列，5 枚
与萼片对生，5 枚生于萼裂之间，
花丝无毛；子房 1 室，胚珠 3 粒，
悬垂。假翅果被柔毛，长约 8 毫米，具 5 棱，宿存萼片 5 片，增大为翅状，
长 10～14 毫米，被毛。

萼翅藤形态图

地理分布

在我国，仅发现于云南省盈江县那邦后山海拔 300～650 米处。缅甸、
印度和新加坡也有分布。

生态特征

产地气候受印度洋暖流影响较深，具有气温较高、雨量丰沛、干湿季十分明显的特征。年平均气温 22.7℃，极端最低温 2℃，年降水量 2856 毫米，90% 集中在 5～9 月，相对湿度 82%。土壤为砖红壤，pH 值为 4.5～5.5。生于云南娑罗双林中。花期 3～4 月，果期 6～8 月。

革苞菊

51

革苞菊植株

革苞菊属稀有种。多年生草本，仅分布于内蒙古局部地区海拔 1000～1200 米的荒漠地带，为强旱生植物。花期 5～6 月，本种为蒙古高原植物区系的特有种，对研究亚洲中部植物区系和菊科植物的系统发育有一定的科学意义，革苞菊是一个独立种。

形态特征

革苞菊的根顶部包被多层棉毛状枯叶纤维，无地上茎。叶基生，莲座状，革质，长椭圆形或长圆形，长 3～15 厘米，宽 1～4 厘米，羽状浅裂至深裂或全裂，裂片皱曲，具不规则浅齿，齿端有长硬刺，两面被蛛丝状毛或棉毛，具长柄。雌雄异株，花葶长 2～4 厘米，头状花序盘状，下垂或直立，无舌状花；雄株头状，花序较小，总苞倒圆锥形或基部稍宽，长 7～15

毫米，总苞片 3 ~ 4 层，外层较宽，革质，有浅齿和黄色刺，内层较短，无齿，顶端具刺尖；小花花冠管状，长 7 ~ 9 毫米，白色，5 裂；花药粉红色或淡紫色，基部有丝状长尾；花柱分枝短，卵圆形，先端锐尖，密被极细乳头状毛；子房无毛；冠毛 1 层，长 5 ~ 6 毫米，有不等长

革苞菊是强旱生植物

的糙毛；雌株头状花序较大，总苞钟状或宽钟状，长 2.5 ~ 2.8 厘米；总苞片 4 层，外层较短，上部两侧具锯齿，边缘膜质，内层较长，两侧有小齿，边缘宽膜质；小花花冠管状，长达 14 毫米，白色，5 裂；退化雄蕊 5 枚；花柱顶端膨大，分枝短，先端钝，密被细乳突状毛。瘦果长圆形，长 8 ~ 10 毫米，密被长柔毛；冠毛多层，长达 15 毫米。

革苞菊生长于荒漠地带

生长习性

革苞菊为强旱生植物，主要见于荒漠草原或荒漠地带。生长区的年降水量为 80 ~ 250 毫米。在荒漠草原中，主要为小针茅群落的伴生成分，常散生于砾石质坡地的上部。

在荒漠中，生长于石质残丘顶部，可形成局部的革苞菊小居群。花果期在 5 ~ 6 月。

狭叶坡垒

狭叶坡垒分布于广西（十万大山），现在是濒危种。狭叶坡垒为我国特有的珍贵用材树种，分布区极为狭窄。由于过度采伐，残存母树很少，亟待保护与种植。

海拔下限（米）	470
海拔上限（米）	700

形态特征

53

狭叶坡垒形态

狭叶坡垒是常绿乔木，高达25米，胸径75厘米；树皮灰褐色或灰黑色，呈块状剥落。叶近革质，长圆形或长圆状披针形，长5~15厘米，宽2.5~5厘米，基部圆形，全缘，侧脉6~10对；叶柄长1~1.2厘米。圆锥花序腋生或顶生，长10~20厘米；萼片呈覆瓦状排列；花瓣5片，淡红色，长约2厘米；雄蕊15枚，排成2轮，药隔的附属物伸长成丝状；子房3室，每室2胚珠。坚果卵圆形，长约1.8厘米，基部具5枚宿存萼片，其中 2 枚增大成翅状，革质，线状长圆形，长 8.5 ~ 9.5 厘米，其余 2 枚萼片卵形，长约 9 毫米。

生长特性

狭叶坡垒分布于山谷、沟边和山坡下部的季节性雨林中。分布区的气候特点是夏热冬暖，高温多雨。年平均气温约 22℃，最冷月平均气温 14℃ ~15℃，最热月平均气温约 28℃，月平均气温高于 22℃ 的有 7 个月，夏季很长，年积温 8000℃ 左右；年降水量约 2700 毫米，但此时山地多雾露；年平均相对湿度大于 80% 。

狭叶坡垒生于湿润肥沃的酸性土上，为耐阴偏阳的树种，幼苗、幼树期能耐荫蔽，随后逐渐喜光。常与梭子果、棋子豆、大花五桠果、壳菜果等组成季节性雨林。

坡 垒

坡垒现在是濒危种。坡垒是海南岛特有的热带雨林树种，多呈零散分布。近 20 年来，由于森林被大面积的砍伐，现存大树只有数百余株。

坡 垒

目前已被列为禁伐树种进行保护，并有小面积试种，生长良好。

形态特征

坡垒是耐荫而热树种

常绿乔木，高25~30米，胸径60~85厘米；树皮黑褐色，浅纵裂；小枝和花序密生星状微柔毛。叶革质，椭圆形或圆状椭圆形，长6.5~20.5厘米，宽4~11.5厘米，先端短渐尖，基部微圆形，侧脉9~14对，小脉平行；叶柄常1.2~1.9厘米，有皱纹。圆锥花序顶生或生于上部叶腋；花小，偏生于花序分枝的一侧，几无梗；萼片5片，覆互状排列；花瓣5片；雄蕊15枚，排成2轮，花药卵状椭圆形，药隔顶端附属体丝状；子房近圆柱形，花柱基部膨大。坚果卵圆形，为增大宿萼的基部所包围，其中2枚萼片扩大成翅，倒披针形，长约7厘米，有纵脉7~9条。

生长特性

坡垒主要分布于山地的沟岭、溪旁和东南坡上。分布区的气候特点是热量高、雨量充沛，年平均气温23℃~26℃，最热月平均气温28℃，最冷月平均气温17℃以上，年降水量1600~2400毫米，5~10月降水量约占全年降水量的87％。土壤主要为在花岗岩母质上发育的山地砖红壤和赤红壤。坡垒要求炎热、静风、湿润以至潮湿的生境。常与青皮、野生荔枝、蝴蝶树等多种树种组成热带雨林。坡垒较耐阴，林冠下天然更新良好，生长较慢，成年林木在8~9月开花，翌年3~4月果熟。

多毛坡垒

多毛坡垒

56

多毛坡垒的小枝、叶柄和下面均密被星状绒毛。

叶革质，长椭圆形或卵状长圆形，先端尖或短渐尖，基部圆，稍不对称。圆锥花序腋生，密被黄色绒毛或星状毛。花萼裂片 5 片，均被黄色绒毛；花瓣 5 枚，不等大，粉红色；雄蕊 10 ～ 15 枚，排成 2 轮，子房近卵形，花柱基部膨大，短小，柱头稍增大。坚果椭圆形，宿存花萼中 2 片增大成翅，翅具 8 ～ 13 条纵脉。生长于海拔 800 ～ 1100 米热带雨林中。产于屏边县，属濒危种。

形态特征

多毛坡垒是常绿乔木，高达 35 米，胸径约 60 厘米，具白色芳香树脂。花色栗褐色，花期在 8 ～ 9 月，果期在翌年 4 月。

习性与分布

仅产于云南屏边、河口、江城等县，生于山地林中。海拔上限800米。本种分布区位于热带北缘，主要生长在热带沟谷雨林，峡谷缝隙石缝中，生境终年潮湿。产地土壤是砖红壤。

望 天 树

比一比中国树木中的"巨人"，目前能摘取中国最高树木桂冠的，恐怕就只有高可达80米的望天树了。

望天树

望天树又名"擎天树"，是近年来发现的一个新树种，是1975年才由我国云南省林业考察队在西双版纳的森林中发现的。属于龙脑香科，柳安属。该属共11名成员，大多分布在东南亚一带，望天树是只有在我国云南才生长的特产珍稀树种。只分布在西双版纳的补蚌和广纳里新寨至景飘一带的20平方千米范围内。望天树的所在地，大部分为原始沟谷雨林及山地雨林。它们多成片生长，组成独立的群落，形成奇特的自然景观。生态学家们把它们视为热带雨林的标志树种。

望天树是我国的一级保护植物。一般高达60多米，胸径100厘米左右，最粗的可达300厘米。高耸挺拔的树干竖立于森林绿树丛中，比周围高30～40米的大树还要高出20～30米，真是直通九霄，大有刺破青天的架势。

花期为 3～4 月。

在西双版纳勐腊县补蚌自然保护区，有上百棵 40～70 多米高的望天树林区，当地政府架设了一条高 20 多米、长 2.5 千米的"空中走廊"，游人可以在上面观赏原始森林美景和野生动物。

如果说望天树只是长得高，那当然不见得有那么珍贵，当然也无指望被列为国家一级保护植物了。它的名贵还在于它是龙脑香科植物，是热带雨林中的一个优势科。在东南亚，这个科的植物是热带雨林的代表树种之一，是热带雨林的重要标志之一。过去某些

望天树又叫伞把树

外国学者曾断言"中国十分缺乏龙脑香科植物"、"中国没有热带雨林"。然而，望天树的发现，不仅使得这些结论被彻底推翻，而且还证实了中国存在真正意义上的热带雨林。

望天树树体高大，干形圆满通直，不分杈，树冠像一把巨大的伞，而树干则像伞把似的，西双版纳的傣族因此把它称为"埋干仲"（伞把树）。同龙脑香科的其他乔木一样，望天树以材质优良和单株积材率高而著名于世界木材市场，据资料记载，一棵 60 米左右的望天树，主干木材可达 10 立方米以上。其材质较重，结构均匀，纹理通直而不易变形，加工性能良好，适合用于制材工业和机械加工以及较大规格的木材加工制造，是一种优良的工业用材树种。

分布现状

产于云南南部、东南部（勐腊、马关、河口）及广西西南部局部地区，其分布面积约 20 平方千米，海拔下限 350 米，海拔上限 1100 米。

形态特征

常绿大乔木，高 40～80 米，胸径达 1.5～3 米，树干通直，枝下高多在 30 米以上，大树具板根；树皮褐色或深褐色，上部纵裂，下部呈块状或不规则剥落；1～2 年生枝密被鳞片状毛和细毛。裸芽，为一对托叶包藏。叶互生，革质，椭圆形、卵状椭圆形或披针状椭圆形，长 2～6 厘米，宽 3～8 厘米，先端急尖或渐尖，基部圆形或宽楔形，侧脉 14～19 对，近平行，下面脉序突起，被鳞片状毛和细毛。花序腋生和顶生，穗状、总状或圆锥状，被柔毛；顶生花序长 5～12 厘米，分枝；腋生花序长 1.9～

望天树是一种高大的裸子植物

5.2 厘米，分枝或不分枝；花萼 5 裂，内外均被毛；花瓣 5 枚，黄白色，具 10～14 条细纵纹；雄蕊 12～15 枚，两轮排列；子房 3 室，每室有胚珠 2 粒，柱头微 3 裂。坚果呈卵状椭圆形，长 2.2～2.8 厘米，直径 1.1～1.5 厘米，密被白色绢毛，先端急尖或渐尖，3 裂；宿萼裂片增大而成 3 长 2 短的果翅，倒披针形或椭圆状披针形，长翅长 6～9 厘米，短翅长 3.5～5 厘米，具 5～7 条平行纵脉和细密的横脉与网脉。是一种高大的裸子植物。

生长特性

望天树分布在热带季风气候区向南开口的河谷地区及两侧的坡地上。全年高温、高湿、静风、无霜，终年温暖、湿润，干湿季交替明显，年平均温20.6℃～22.5℃，最冷月平均气温12℃～14℃，最热月平均气温28℃以上；年降水量1200～1700毫米，降雨日约200天；相对湿度85%，雾日170天左右。土壤属于发育在紫色砂岩、砂页岩或石灰岩母质上的赤红壤、砂壤土及石灰土。在湿润沟谷、坡脚台地上，组成单优种的季节性雨林。在云南常见的伴生树种有千果榄仁、番龙眼；在广西主要伴生树种有蚬木、风吹楠、顶果树、广西槭、任豆等。望天树于5～6月开花，8～10月为果熟期。落果现象比较严重，主要由虫害所致。

报春苣苔

形态特征

报春苣苔是多年生草本。叶均基生，有柄，叶片圆卵形，基部浅心形，边缘浅裂或浅波状，裂片三角形，两面被短柔毛，下面还被腺毛；叶柄两侧有波状翅。花葶与叶等长或稍短，被柔毛及腺毛。聚伞花序伞状，有3～7朵花；苞片2片，狭卵形，被腺毛。花萼5深

报春苣苔

裂，片披针形，被褐色腺毛；花冠紫色，高脚碟状，长约 1.2 厘米，被短毛和腺毛，檐部 5 裂，裂片圆卵形，稍不等大；能育雄蕊 2 枚，着生于花冠筒近基部处，分生，花丝短；花药连着，长圆形，2 室极又开，顶端汇合；退化雄蕊 3 枚；花盘由 2 个近四方形腺体组成；子房狭卵形，被柔毛，侧膜胎座 2 个，环珠多数，花柱短，柱头浅 2 裂。蒴果长椭圆球形，种子是暗紫色，有密集小乳头状凸起。花期 8～10 月，单种属。

本科概述

该科约 140 属，2000 种，分布于热带和亚热带地区。我国有 56 属，约 416 种，主要分布于长江以南各省，少数属往北分布，最北可达辽宁西部。其中 28 属为我国特有属。

报春苣苔是苦苣苔科多年生喜热草本植物。因分布区极窄而被列为第一批国家一级重点保护野生植物，基于其生态生物学特征探讨报春苣苔的濒危机制及解濒措施。报春苣苔生于海拔约 300 米的石灰岩山洞口附近的植物群落中。群落主要由一些喜热及耐阴湿植物组成。其伴生植物为苔藓，从洞口向里。植物种类越来越少，报春苣苔的数量却越来越多，植株个体越来越小，开花的比例也越来越少。洞口的报春苣苔种群呈均匀分布，深处则呈集聚分布。洞穴的壁顶的报春苣苔群落为单一种且呈集聚分布，报春苣苔需要偏碱性的硬质水才能生长。其生存土壤太薄且营养贫乏，

报春苣苔形态图

pH 值为 7.5。有机质、全 N、全 P 和全 K 含量分别为 1.8%、0.87%、0.16% 和 0.71%。因而植物的生长极为缓慢，一般一株的年生长量为 30 克左右。报

春苣苔分布点 CO_2 平均浓度为 0.09%，高于洞外约 2 倍。其相对湿度终年保持在 97% 左右。报春苣苔仅生于相对弱的光环境下，且只在散射光线能到达的地方出现，大约只忍受正常光强的 1/4 以下。作为洞穴植物，其生态分布的限制因子是光源和特殊的大气环境，生境的特殊性导致其分布区狭窄。通过移栽实验表明迁地保护技术目前还不成功。

华山新麦草

形态特征

华山新麦草

华山新麦草是多年生草本植物，具延长根茎。秆散生，高 40~60 厘米，直径 2~3 毫米。叶鞘无毛，基部褐紫色或古铜色，长于节间；叶舌长约 0.5 毫米，顶具细小纤毛；叶片扁平或边缘稍内卷，宽 2~4 毫米，分蘖者长 10~20 厘米，秆生者长 3~8 厘米，边缘粗糙，上面黄绿色，具柔毛，下面灰绿色，无毛。穗状花序长 4~8 厘米，宽约 1 厘米；穗轴很脆，成熟时逐节断落，节间长 3.5~4.5 毫米，侧棱具硬纤毛，背腹面具微毛；小穗 2~3 枚生于 1 节，黄绿色，含 1~2 小花；小穗轴节间长约 3.5 毫米；颖锥形，粗糙，长 10~12 毫米；外稃无毛，粗糙，第一外稃长 8~10 毫米，先端具长 5~7 毫米的芒；内稃等长于外稃，具 2 脊，脊上部疏生微小纤毛；花药黄色，长约 6 毫米。花、果期为 5~7 月。

生长习性

华山新麦草是一种多年生草本植物，多生长在海拔450～1800米的中低山区石间路旁、墟缝中的残积土和峭壁的岩石空隙中。它是农作物的野生亲缘种，具有很强的抗逆性和喜光的特性。农业专家指出，"华山新麦草"有抗病、抗旱、早熟等优良特性，对小麦新品种的研制有重大意义。

分布范围

华山新麦草是我国特有的禾草植物，分布区仅局限在陕西华山极为狭小的范围内，与同属的其他物种有较大的形态差异和形成间断地理分布。主要分布在西岳华山的华山峪、黄甫峪和仙峪。

濒危等级

华山新麦草已被列为国家一类珍稀保护植物（优先保护种）和急需保护的农作物野生亲缘种。

银缕梅

1992年我国植物学家公布了一则轰动全球植物界的发现：江苏省宜兴市石灰岩山地里保存了6700万年前最古老的被子植物物种——金缕梅科新属新种银缕梅。和裸子植物银杏、水杉一样，银缕梅作为被子植物最古老的物种，是仅存我国再发现了活化石树种。科学家在2亿年前的古生代石炭纪化石中就发现了地球上已经有裸子植物；同样，在距今6700万年前的中生代白垩纪化石中，出现了金缕科植物，随后新生代第三纪，全球气候温和，演化出千万种被子植物物种。在植物进化的历史长河中，金缕梅科植物在植物进化史上有着承前（裸子植物）启后（被子植物）的重要地位。

关于银缕梅的发现和命名，历经了一个曲折的过程：早在 1935 年 9 月，中山植物园的植物学家沈隽，在江苏宜兴芙蓉寺石灰岩山地采集植物标本，它满树枝果，似金缕梅，但又不同，采集标本后，准备进行鉴定，又因抗日、解放战争爆发，研究工作中断，这份珍贵的标本尘封在实验室里。直到 1954 年，原中山植物研究所骓教授清理标本时，认为这个树种是金缕梅科种群中的一员，与日本的金缕梅相似，但又不能确认，继而指出，这份标本关系重大。1960 年，这份标

银缕梅

本被误定为金缕梅科金缕梅属小叶金缕梅，使这一重大的科学发现陷入误区。1987 年国家在编纂珍稀濒危植物"红皮书"时，科技人员再次前往宜兴，终于在同类型的石灰岩山地中找到了实物标本。在随后的物候观察中，竟意外地发现，该树种的花器没有花瓣，它不是金缕梅，是金缕梅科中无花瓣类型树种，形态特征与北美的金缕梅科弗吉特族植物相一致，但又与该族各属植物有所差异，是一个新属新种。1992 年经植物学家朱德教授定名为：

银缕梅是活化石树种

金缕梅科弗吉特族银缕梅属的银缕梅。从此，改写了《中国植物志》小叶

金缕梅的误载，一个被子植物中古老的化石树种重新面世，为世人所知。

银缕梅为落叶乔木，树态婆娑，枝叶繁茂。3 月中旬开花，先花后叶，花淡绿，绿后转白，花药黄色带红，花朵先朝上，盛花后下垂，远看满树金灿灿，近看银丝缕缕。

形态特征

银缕梅是落叶小乔木，高 4 ~ 5 米，花瓣条形美丽，白色，花期在 3 月，是南京中山植物园 20 世纪末向世界公布的新种，也可以说是金缕梅的"姐妹种"，属一级保护植物。

生长习性：喜光、耐旱、耐瘠薄。应在保护的前提下尽快繁殖利用。干燥不宜多浇水，生长期需一再追肥。

繁殖方式：播种与扦插繁殖，湿沙层积贮藏，种子发芽率可达 40%以上。

应用范围：春观花、秋观叶，可作为公园、庭院配置的优良珍稀品种。

长蕊木兰

长蕊木兰属木兰科，属双子叶植物。

形态特征

常绿乔木，高可达 30 米，直径可达 60 厘米；先端争光尖或尾状渐尖，基部圆形，上面有光泽，侧脉 12 ~ 15 对，末端纤细，与致密的网脉交错而不明显，中脉在背面被长柔毛或无毛；叶柄长 1.5 ~ 2 厘米，无托叶痕。花纯白色，芳香；花被 9 ~ 11 片，外轮换片长圆形，浅绿色，长 5.5 ~ 6 厘米，宽 2 ~ 2.5 厘米，内两轮倒卵状椭圆形，长约 5.5 厘米，宽 2.5 厘米；雄蕊约 40 枚，长约 4 厘米，花药长约 2.8 厘米，内向开裂；雌蕊群圆柱形，长约 2 厘米，宽约 4 毫米，雌蕊群柄长约 1 厘米。聚合果长 3.5 ~ 8 厘米，内向开裂；雌蕊群圆柱形，长约 2 厘米，宽约 4 毫米，雌蕊群柄长约 1 厘米，扁圆形，直径 8 ~ 9 毫米，有白色皮孔。

分布与习性

长蕊木兰零星分布于云南东南部广南、西畴、金平、屏边、文山，西北部福质、贡山，西部和西南部景东、澜沧、永平、景洪等县海拔 1200 ~ 2400 米处，及西藏墨脱海拔 2400 米的山地常绿阔叶林中。锡金、不丹、缅甸北部、印度东北部及越南北部也有分布。

长蕊木兰花呈纯白色

在我国，分布区位于西部偏干性北热带季雨林，雨林地带及南亚热带季风绿阔叶温凉湿润以至潮湿，年平均气温 15℃ ~ 17℃。极端最低气温可达 −3℃ 或更低，极端最高气温 15℃ ~ 17℃，极端最低气温的地区降水量 2000 毫米，旱季多雾；年平均相对湿度在 80% 以上。偏阳性绎种种，生于山地上部东南坡或山脊上，为原幼树喜光性逐渐增强，需要在全光照下生长。土壤为酸性，pH 值为 3.8 ~ 5.5，枯枝落叶层厚达 10 ~ 20 厘米，有机质含量丰富，高达 20% 以上。常与壳斗科、山茶科、樟科、杜鹃花平及木兰其他种类等混交成林，林下有时还有各种木质藤本和附生兰平植物。在东南中山上部，常见于瓦山锥林中，林内潮湿阴暗，附生苔藓特别发达。自然更新能力差，幼树、幼苗极少。花期在 5 月，果期为 9～10 月。

落叶木莲

形态特征

　　落叶木莲是落叶乔木，高 30 米，树干端直，树冠宽卵形；胸径 60 厘米，为我国特有的古老珍稀濒危植物。树干通直，枝条开展，花被 15～16 片，少部分有 19 片。螺旋状排列成 5 轮，花为淡黄色。春夏之交开花，花大型，淡黄白色，状若睡莲，且清香沁人，近于

落叶木莲

幽兰；金秋硕果累累，聚合果红棕色，开裂时露出颗颗鲜红种子，点缀于绿色树冠，是花果兼美、不可多得的庭园观赏树种。

生态特性

　　该树适于秦岭以南的亚热带地区生长；喜肥沃、湿润的土地，幼年不耐干旱、贫瘠、稍耐阴；早期生长可高达 100 厘米，为前期速生型树种。落叶木莲在宜春本地分布，海拔高度为 580～1200 米，经宜春地区林科所（海拔 107 米）多年引种栽培，生长良好，年平均增高可达 1 米以上。该树种适应在秦岭以南的整个亚热带地区栽植，土壤要求较为深厚、肥沃的微酸性土壤。

华 盖 木

华盖木

华盖木分布于我国云南、文山州（西畴、马关)、红河州（金平)。

生存现状

华盖木属稀有种。华盖木目前仅见于云南西畴法斗。因历年砍伐利用，现仅存 6 株大树。由于花芳香，开放时常被昆虫咬食雌蕊群，故成熟种子甚少，即使种子成熟，亦由于外种皮含油量高，不易发芽，而影响天然更新。若产地森林继续破坏，或残存植株被砍伐，就有绝灭的危险。

海拔下限（米）	1300
海拔上限（米）	1550

形态特征

华盖木是常绿大乔木，高可达 40 米，胸径达 1.2 米，全株各部无毛；树皮灰白色；当年生枝绿色。叶革质，长圆状倒卵形或长圆状椭圆形，长 15～30 厘米，宽 5～9.5 厘米，先端急尖，尖头钝，基部楔形，上面深绿色，侧脉 13～16 对；叶柄长 1.5～2 厘米，无托叶痕。花芳香，花被片肉质，9～11 片，外轮 3 片长圆形，外面深红色，内面白色，长 8～10 厘米，内 2 轮白色，渐狭小，基部具爪；雄蕊约 65 枚，花药内向纵裂；雌蕊群长卵圆形，具短柄，心皮 13 ~ 16 个，每心皮具胚珠 3 ~ 5 枚。聚合果倒卵圆形或椭圆形，长 5 ~ 8.5 厘米，直径 3.5 ~ 6.5 厘米，具稀疏皮孔；蓇葖厚木质，长圆状椭圆形或长圆状倒卵圆形，长 2.5 ~ 5 厘米，顶端浅裂；种子每蓇葖内 1 ~ 3 粒，外种皮红色。

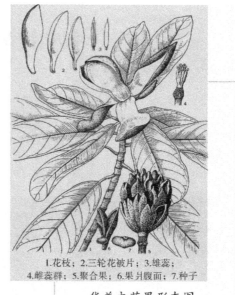

1.花枝；2.三轮花被片；3.雄蕊；
4.雌蕊群；5.聚合果；6.果爿腹面；7.种子

华盖木花果形态图

生长特性

华盖木生长于山坡上部、向阳的沟谷、潮湿山地上的南亚热带季风常绿阔叶林中。产地夏季温暖，冬无严寒，四季不明显，干湿季分明，年平均气温 16℃ ~ 18℃，年降雨量 1200 ~ 1800 毫米，年平均相对湿度在 75% 以上，最高达 90% 左右；雾期长，年平均霜期只有 8.6 天。土壤为由砂岩和砂页岩发育而成的山地黄壤或黄棕壤，呈酸性反应，pH 值为 4.8 ~ 5.7。地被物和枯枝落叶腐殖质层深厚达 10 ~ 20 厘米，有机质可达 20% 以上。华盖木为上层乔木，树冠宽广，根系发达，有板根。

常与大叶木莲、云南拟单性木莲、灯台树、伯乐树、酸枣、吴茱萸五加、马蹄荷、檫木等混生成林。华盖木开花结果较少，每隔 1 ~ 2 年开花一次，花枝不多，结实率亦低。花期在 4 月下旬，果期在 9 ~ 11 月。

峨眉拟单性木兰

形态特征

峨眉拟单性木兰是常绿乔木，高达 25 米，胸径 40 厘米；树皮深灰色。

峨眉拟单性木兰花

叶革质，椭圆形、狭椭圆形或倒卵状椭圆形，长 8 ~ 12 厘米，宽 2.5 ~ 4.5 厘米，先端短渐尖而尖头钝，基部楔形或狭楔形，上面深绿色，有光泽，下面淡灰绿色，有腺点，侧脉每边 8 ~ 10 条，叶柄长 1.5 ~ 2 厘米。花雄花两性花异株。雄花：花被 12 片，外轮 3 片浅黄色较薄，长圆形，先端圆或钝圆，长 3 ~ 3.8 厘米，宽 1 ~ 1.4 厘米，内三轮较狭小，乳白色，肉质；倒卵状匙形，雄蕊约 30 枚，长 2 ~ 2.2 厘米；花药长 1 ~ 1.2 厘米，花丝长 2 ~ 4 毫米，由药隔顶端伸出成钝尖，药隔及花丝深红色，花托顶端短钝尖。两性花：花被片与雄花同，雄蕊 16 ~ 18 枚；雌蕊群椭圆体形，长约 1 厘米，具雌蕊 8 ~ 12 枚。聚合果倒卵圆

峨眉拟单性木兰花

形，长 3 ~ 4 厘米，种子倒卵圆形，径 6 ~ 8 毫米，外种皮红褐色。花期为 5

月，果期为 9 月。

地理分布

峨眉拟单性木兰分布于常绿阔叶林中。

濒危等级

峨眉拟单性木兰至今才找到两性花植株，因林木砍伐，植被破坏，在原产地所存植株极少，急待采取严格的保护措施和查找新的分布点。

71

藤枣

藤　枣

藤枣分布于云南，现为濒危种。藤枣又名苦枣，目前仅见于云南西双版纳景洪局部地区，个体极少，经调查只见到有唯一结果的一株，极易被毁，应积极采取有效措施加以保护。

海拔下限（米）	620
海拔上限（米）	620

形态特征

木质藤本，嫩枝被微柔毛。叶革质，卵形或卵状椭圆形，长9.5～22厘米，宽4.5～13厘米，先端渐尖或突尖，基部圆或钝，稀宽楔形，两面无毛，上面具光泽，侧脉5～9对，两面凸起，网脉稀疏，不明显；叶柄长2.5～8厘米，顶端膨大而膝曲。雄花序有花1～3朵，簇生状，着生落叶腋部，总梗长6～10毫米，被微柔毛；萼片12片，排成4轮；花瓣6片，雄蕊6枚，分离。果序着生于无叶的老枝上，着果31颗，总梗粗壮，长达2厘米；核果椭圆形，成熟时橙红色，长2.5～3厘米，直径1.7～2.5厘米，心皮柄长达1.5厘米；种子椭圆形，长1.5～1.7厘米。

生长特性

藤枣为低山沟谷季节雨林林中的层间植物，为偶见种。分布于低山沟谷季雨林边缘。产地年平均气温约20℃，年降雨量1200～1500毫米，分布不均匀，80～90%集中在雨季（5～10月），但干季多露，可补偿水分的不足，相对湿度80～85%。土壤为紫色砂岩形成的黄壤，有机质层厚，pH值为4.5～5.5，果期为2～3月。

莼 菜

莼菜又叫"蓴菜"，属睡莲科的一种水草。中国黄河以南所有沼泽池塘都有生长，尤其以江苏的太湖、苏北的高宾湖，以及杭州的西湖等地生产为多。采其尚未透露出水面的

莼 菜

嫩叶食用，是一种地方名菜，古人所谓"莼鲈风味"中国的"莼"，就是指的这个菜，亦可作药用。相传乾隆帝下江南，每到杭州都必以莼菜调羹进餐，并派人定期运回宫廷食用。它鲜嫩滑腻，用来调羹作汤，清香浓郁，被视为宴席上的珍贵食品。性味甘、寒，无毒。

叶的背面分泌一种类似琼脂（洋菜）的黏液，在未透露出水面的嫩叶，此种黏液更多。又含蛋白质、脂肪等。

珙　桐

珙桐是我国特有的单属植物，系第三纪古热带植物区系的孑遗种，也是全世界著名的观赏植物之一。由于森林的砍伐破坏及挖掘野生苗栽植，目前数量较少，分布范围也日益缩小，若不采取保护措施，有被其他阔叶树种更替的危险。

珙　桐

生境状况

在我国，珙桐分布很广，贵州的梵净山、湖北的神农架、四川的峨嵋山等处都有生长，在桑植县天平山海拔700米处，还发现了上千亩（1 亩 ≈ 666.67 平方米）的珙桐纯林，这也是目前发现的珙桐最集中的地方。自从1869 年珙桐在四川穆坪被发现以后，珙桐先后为各国所引种，以致成为各国人民喜爱的名贵观赏树种。

2008 年 4 月，四川省荥经县龙苍沟乡会同该县宣传部、雅安电视台、荥经电视台在对龙苍沟乡旅游资源进行考察时意外发现了近 10 万亩珙桐群落，该消息先后被多家媒体报道。后经国内从事珙桐研究的权威专家如华中农业大学园艺林学院院长包满珠、湖北民族学院生科院罗世家教授在专程到现场实地考察后称：密集程度如此之高、面积如此之大的成片野生珙桐树，在国内尚属罕见。

地理分布

分布于陕西东南部镇坪、岚皋，湖北西部至西南部神农架、兴山、巴东、长阳、利川、恩施、鹤峰、五峰，湖南西北部桑植、大庸、慈利、石门、永顺，贵州东北部至西北部松桃、梵净山、道真、绥阳、毕节、纳雍，四川东部巫山，东南部南川、北部平武、青川，西部至南部汶川、灌县、彭县、宝兴、

珙桐是世界著名的观赏植物

天全、峨眉、马边、峨边、美姑、雷波、筠连，云南东北部绥江、永善、大关、彝良、威信、镇雄、昭通等地。常混生于海拔 1250 ~ 2200 米的阔叶林中，偶有小片纯林。拥有最大面积的要数四川省荥经县，拥有现存的世界上最大的珙桐林，达 10 万亩之多。

生活习性

　　珙桐喜欢生长在海拔 700～1600 米的深山云雾中，要求较大的空气湿度。在海拔 1800～2200 米的山地林中，多生于空气阴湿处，喜中性或微酸性腐殖质深厚的土壤，在干燥多风、日光直射之处生长不良，不耐瘠薄，不耐干旱。幼苗生长缓慢，喜阴湿，成年树趋于喜光。珙桐枝叶繁茂，叶大如桑，花形似鸽子展翅。白色的大苞片似鸽子的翅膀，暗红色的头状花序如鸽子的头部，绿黄色的柱头像鸽子的嘴喙，当花盛时，似满树白鸽展翅欲飞，并有象征和平的含义。

形态特征

珙桐的花形似鸽子展翅

　　珙桐为落叶大乔木，高可达 20 米。

　　此树为落叶乔木，树皮呈不规则薄片脱落。单叶互生，在短枝上簇生，叶宽卵形或近心形，先端渐尖，基部心形，边缘粗锯齿，叶柄长 4～5 厘米，花杂性，由多数雄花和一朵两性花组成顶生头状花序。花序下有 2 片白色大苞片，椭圆状卵形，长 8～15 厘米，中部以下有锯齿，核果紫绿色，花期在 4 月，果熟期在 10 月。

　　珙桐的花紫红色，由多数雄花与一朵两性花组成顶生的头状花序，宛如一个长着"眼睛"和"嘴巴"的鸽子脑袋，花序基部两片大而洁白的苞片，则像是白鸽的一对翅膀。4～5 月间，当珙桐花开时，张张白色的苞片在绿叶中浮动，犹如千万只白鸽栖息在树梢枝头，振翅欲飞。

光叶珙桐

形态特征

光叶珙桐是落叶乔木植物，高 15～20 米，有的达 25 米。叶互生，无托叶，常密集于幼枝顶端，阔卵形或近圆形；叶下面常无毛或幼时叶脉上被很稀疏的短柔毛及粗毛，有时下面被白霜。两性花与雄花同株，由多数的雄花与 1 个雌花或两性花成近球形的头状花序，

光叶珙桐

直径约 2 厘米，着生于幼枝的顶端；两性花位于花序的顶端，雄花环绕于其周围，雄花无花萼及花瓣，紫色。果实为长卵圆形核果，长 3～4 厘米，直径 15～20 毫米，紫绿色具黄色斑点。

生长特性

光叶珙桐分布区气候冬冷夏凉，常年多雾、多雨，空气湿度大，年平均气温 12℃～17℃，年降水量 1000 毫米左右，相对湿度 80%～85%，土壤为砂质岩、花岗岩等发育而成的山地黄壤或黄棕壤，pH 值为 4.5～6.0，在贵州光叶珙桐分布在水城、该地属湿润季风气候，年均温 12.3℃～15.1℃，极端高温 36.7℃，极端最低温 −11.7℃，降水量 1200 毫米，年均日照 1560

小时。通常情况下 4 月发芽，花期在 5 月，果熟期在 10 月。由于人为干扰严重，现存林为遭受多次砍伐后萌发而成，乔木层、灌木层不甚明显。主要组成树种有水青冈、栓皮栎、细叶青冈、金丝桃、胡颓子、小叶六道木、小叶杜鹃等，草本层主要为蕨类。

分布范围

光叶珙桐仅分布于我国四川、云南、湖北、贵州等地。在贵州省该种分布于纳雍、清镇、水城。清镇分布点现已消失，纳雍也未见生存植株。最近一次调查中仅见于水城玉舍六田村窑子沟，海拔 2000 米北坡。光叶珙桐的数量极少，常以单株或小群聚的形式散生在山地汇水沟附近。经过调查，现有资源量为：分布面积20公顷，总株数180株，总蓄积量1.452立方米。

合柱金莲木

形态特征

合柱金莲木花

合柱金莲木是落叶小灌木，直立，高 0.8 ~ 1.5 米；茎不分枝或近顶部分枝，暗紫色。叶互生，薄绝质或近膜质，狭披针形或狭椭圆形，长 7 ~ 15 厘米，宽 1.5 ~ 3 厘米，边缘有密而细的腺状锯齿，两面无毛，侧脉多而纤细，近平行；叶柄长 3～5 毫米。花序顶生，狭圆锥状，长 6～10 厘米；花具柄；萼片 5 片，不相等，卵形或披针形，边缘具腺毛；花瓣 5 片，白色，椭圆形；退化雄蕊白色，排成 3 轮，外轮多数，基部合生成一短管，上部分离呈腺体状，中轮和内轮的各 5 枚，花瓣状，长圆形，中轮的较大，先端截平而有数小齿，内轮的略小，先端略尖而具 3 齿裂，发育雄蕊 5 枚，花丝极短，花药戟形；子房 1 室，有多数胚珠。蒴果卵球形，长约 5 毫米，先端急尖，具宿存花柱，熟时 3 片裂；种子小，椭圆形，长约 1.7 毫米。

生长特性

合柱金莲木属林下阴生植物，不耐强光和干旱，生于土壤湿润、郁闭良好的常绿阔叶林中，尤以山谷涧边水分经常充足的沙土最为适宜。分布区气候年均气温 18.8℃～22.0℃，1 月均温 8.9℃～14.0℃，7 月均温 27.0℃～28.9℃，年均降水量 1559.1～1825.9 毫米，年日照时数 1448.5～1833.0 小时，日照 33%～42%，相对湿度 79%～82%。

合柱金莲木分布区位于南亚热带北缘及中亚热带南缘。气候特点是夏热冬暖，雨量多、湿度大，年平均气温 18℃～20℃以上，最冷月

合柱金莲木果实

78

平均气温 9℃～11℃，最热月平均气温约 28℃，全年无霜期 250～310 天，年降水量 1400～1600 毫米，相对湿度为 75%～85%。土壤为山地红壤和谷底冲积土，成土母岩以花岗岩、页岩、砂岩为主，土层厚度 0.6～1.2 米，腐殖质层厚 5～30 厘米。合柱金莲木为林下阴生植物，叶片质薄，不耐强光和干旱。生于土壤湿润，郁闭良好的常绿阔叶林中，尤以山谷涧边水分经常充足的沙土最为适宜。植株虽然矮小，但根茎则很发达，呈匍匐横走状，纵横交错，根茎能不断长出新的植株，故通常呈小片分散状分布。4 月底至 6 月上旬开花，9～10 月果成熟。

合柱金莲木植株矮小

地理分布

合柱金莲木分布于广东、广西。垂直分布在海拔 500～1000 米的山谷水边和林下。

主要分布于广西北部大苗山的中寨、罗城和中部大瑶山的象州六巷，以及广西部的封开黑石顶、怀集冷坑和西北部的连山上帅乡一带。生于海拔 500～1000 米的低山和中山上。

合柱金莲木

濒危等级

合柱金莲木属稀有种。合柱金莲木又名"辛木",是我国特有的单种属植物,残存于广东、广西局部山区,呈片状生于密林或疏林下。由于森林砍伐,生境破坏和挖取根茎入药,致使植株日趋减少,有面临绝灭的危险。

独叶草

形态特征

多年生草本,高达10厘米,无毛。根状茎细长,分枝,生多数不定根;芽鳞3个,膜质,卵形,长4~7毫米。叶常1片基生,心状圆形,宽3.5~7厘米,5全裂,中、侧裂片断浅裂,下面的裂片不等2深裂,顶部边缘有小牙齿,下面粉绿色;脉序开放二叉分歧;叶柄长5~11厘米,单花,花葶高7~12.5厘米;花被片4~7片,淡绿色,卵形,长5~7.5毫米,顶端渐尖,基部狭且具线状紫斑;退化雄蕊3~8枚;心皮3~9个,长约1.4毫米,种子白色,扁椭圆形,长3~3.5毫米。

在繁花似锦、枝繁叶茂的植物世界中,独叶草是最孤独的。论花,它只有一朵;数叶,仅有一片,真是"独花独叶一根草"。

独叶草的地上部分高约10厘米。通常只生一片具有5个裂片的近圆形的叶子,开一朵淡绿色的

独叶草

花；而小草的地下是细长分枝的根状茎，茎上长着许多鳞片和不定根，叶和花的长柄就着生在根状茎的节上。

独叶草是毛茛科的一种多年生的草本植物，生长在我国云南、四川、陕西和甘肃等省。它生长在海拔 2750～3975 米的高山原始森林中，生长环境寒冷、潮湿，土壤偏酸性地区，也是毛茛科植物的生长环境特点。

独叶草

独叶草不仅花叶孤单，而且结构独特而原始。它的叶脉是典型开放的二分叉脉序。这在毛茛科 1500 多种植物中是独一无二的，是一种原始的脉序。独叶草的花由被片、退化雄蕊、雌蕊和心皮构成，但花被片也是开放二叉分的，雌蕊的心皮在发育早期是开放的。这些构造都表明独叶草有着许多原始特征。因此，独叶草自 1914 年在云南的高山上被发现后，就引起国内外学者的兴趣，他们认为，对独叶草的研究，可以为整个被子植物的进化提供新的资料。

生存习性

分布区海拔较高，气候寒冷，多数产地每年有一半以上的时间处于 0℃以下，夏季最高气温只达 20℃ 左右。土壤为腐殖质土，通气性较好，偏酸性，厚度为 10～30 厘米。独叶草生于林下，光照微弱，空气和土壤的湿度大。

地理分布

独叶草零星分布在陕西太白县、眉县，甘肃迭部、舟曲、文县，四川马尔康、茂汶、金川、南坪、泸定、松潘、峨眉山及云南德钦等地。生于海拔 2200～3975 米地带的亚高山至高山针叶林和针阔混交林下。

由于该种生长于亚高山至高山原始林下和荫蔽、潮湿、腐殖质层深厚的环境中，种子大多不能成熟，主要依靠根状茎繁殖，天然更新能力差。加之人为破坏森林植被和采挖，使其植株数量逐渐减少，自然分布日益缩小。

异形玉叶金花

异形玉叶金花分布于广西（大瑶山），现状属濒危种。1936 年在广西大瑶山首次采得标本，但近几年多次去大瑶山调查采集，都没再找到。

形态特征

攀援灌木；小枝灰褐色，初有贴伏疏柔毛，皮孔明显。叶对生，薄纸质，椭圆形至椭圆状卵形，长 13～17 厘米，宽 7.5～11.5 厘米，先端渐尖，基部楔形，两面散生短柔毛，侧脉 8～10 对；叶柄长 2～2.5 厘米，稍具短柔毛；托叶早落。顶生三歧聚伞花序长约 6 厘米，被近贴伏的短柔毛；苞片早落，小苞片披针形，长达 1 厘米，凋落；花梗长 2～3 毫米；

异形玉叶金花

萼筒长约5毫米，裂片5片，扩大成花瓣状，白色，长2~4厘米，宽1.5~2.5厘米，边缘和脉略具毛；花冠管长约1.2厘米，直径约4毫米，上部扩大，外面密被伏贴短柔毛，内面上部被硫黄色短柔毛或粉末状小点，花冠通常5裂，裂片长约3毫米；雄蕊4或5枚，长3毫米；子房2室，花柱长约6毫米，柱头2裂，长4毫米。浆果长6~10毫米，直径4~8毫米。

生长特性

主要生长在山谷土壤湿润但阳光比较充足的地方，攀援在中下层乔木树干之上，密茂的森林内或灌丛中都比较少见。所在地年平均气温17℃，1月平均气温8.3℃，7月平均气温24℃，年雨量1800毫米左右。土壤为黄壤，pH值为4.5~5.5。

宝华玉兰

形态及特性

宝华玉兰是落叶小乔木，高4~7米。树皮灰白色；冬芽密生绢状绒毛；小枝紫褐色，叶长圆状倒卵形或长圆形，长7~16厘米，宽3~7厘米，顶端短突尖，基部楔形或近圆形，背面苍白色，脉上有柔毛。花先叶开放，直径8~12厘米，芳香；花柄长2~6毫米，密生白色毛；花被片9~10片，匙形，长5~8厘米，上部白色，下部紫红色；花丝红色。聚合果圆筒形，长5~7厘米；蓇葖木质。

宝华玉兰产于江苏省句容县宝华山，产地仅存18株，濒危之急已达到绝种的边缘。更加上本种花大美丽，是园林观赏树种之上品，对植物分类系统之研究亦具有一定的科学意义。因多种缘由被定为国家一级保护植物。

宝华玉兰为落叶乔木，树高达11米，胸径30厘米。树皮灰色，较平滑，当年生枝黄绿色，二年生枝紫色，叶互生，倒卵状长圆形，长7~16厘米，宽3~7厘米，下面沿脉被长毛。花生枝顶，先叶开放。花被片9枚，匙形，长5~6厘米，上部白色，中部向下渐呈紫红色。雄蕊多数，花丝紫色，药隔凸出呈短尖。雌蕊群圆柱形，2厘米。

宝华玉兰

聚合果圆柱形，长6~14厘米，直径2~3厘米。蓇葖果圆形，有疣点状凸起。种子宽倒卵圆形，长宽1厘米，外种皮红色，内种皮黑色。

对仅存的植株应倍加爱护，促进其自然更新，并发展人工引种栽培。目前，许多植物园已引种成功。

中篇 二级濒临灭绝植物

掌叶木

掌叶木分布于贵州、广西，现状为稀有种。由于常年采种榨油，破坏严重，加上喀斯特地区的特殊生境，更新困难，若不加以保护，将有灭绝的危险。

海拔下限（米）	500
海拔上限（米）	900

形态特征

掌叶木是落叶乔木，高达 13～15 米；树皮黄白色，呈薄片状脱落；小枝黄褐色，有散生皮孔。掌状复叶对生，叶柄长 4～11 厘米；小叶通常 5 片，小部分 3～4 片，不相等，纸质，侧生的椭圆形，中间的椭圆状倒卵形，长约侧生小叶的 2 倍，先端急渐尖，基部宽楔形，下延，下面疏生圆形、暗红色腺点，侧脉 9

掌叶木

掌叶木花

~12 对；小叶柄长 1 ~ 1.5 毫米。圆锥花序顶生，长 10 ~ 12 厘米；花小，黄色至白色，两性；花梗、萼片外密被黄白色棕点，萼片 5 片，卵状长椭圆形或椭圆形，两面被柔毛，边缘具睫毛；花瓣为 4 ~ 5 片，是萼片长的 2 ~ 3 倍，外被紧贴柔毛；雄蕊 7 ~ 8 枚；子房具长柄，纺锤形。蒴果梨形，红褐色，连柄长 2.2 ~ 3.2 厘米，直径 5 ~ 12 毫米；种子卵圆形，黑色，有光泽，有 2 重假种皮。

86

特　　性

掌叶木主要产区属中亚热带，气候温和，雨量充沛，年平均气温 18.3℃，1 月平均气温 8.4℃，7 月平均气温 26.3℃，年降水量 1303.3 毫米。土壤主要为石灰岩上发育的薄层黑色石灰土和棕色石灰土，pH 值为 6.5 ~ 7.5。大多生于石灰岩石山的石沟、洞穴、漏斗及缝隙等处，土层浅薄，根系露出岩石表面，沿着岩石的节理、石隙间延伸生长，以适应水肥分散的喀斯特生境，萌发性强，通常在树干基部或树桩上萌发许多幼枝。为喜光树种，在林内弱光下生长不如林缘或林内空旷处。3 月底至 5 月初开花，10 月果熟。天然下种能力弱，在林内很难见到幼苗、幼树；种子富含油脂，易被动物咬食。

掌叶木果实

矮琼棕

形态特征

矮琼棕

矮琼棕茎丛生，高1.5~2米，紫褐色。叶掌状几全裂，裂片4~10片，中间裂片较宽，披针形，长23~27厘米，宽2~5厘米。花序分枝多。果球形或扁球形，直径1.2~1.5厘米，熟时鲜红色。花期在4~5月，果期在7~12月。

为我国特产的稀有珍贵植物，与琼棕的区别在于植株矮烛。茎秆较细，叶较小，裂片少，花序较小，分枝少，且不再分枝，分枝上的小苞片为黄褐色，花淡黄色，花瓣强烈反卷，果较小。生态学和生物学特征等与琼棕相近，观赏价值更高。

地理分布

矮琼棕产于我国海南。我国南方省区常有引种。耐阴性极强。

87

光叶天料木

光叶天料木，属渐危种。常绿大乔木，高 30 米，胸径 80 厘米。分布于云南局部地区，散生在海拔 500 ~1000 米地带。为新近发现的老挝天料木的一个变种。开花多，结果少，天然更新能力差。花期为 4 ~ 5 月，5 ~ 6 月果熟。生长于海拔 600 ~ 1200

光叶天料木的枝和叶

米热带雨林、沟谷雨林或常绿阔叶林中。

形态特征

光叶天料木是常绿大乔木，高达 30 米，胸径约 80 厘米；树皮纵裂，灰褐色或灰白色；小枝褐色，具皮孔，无毛。叶纸质或薄革质，椭圆形或卵状椭圆形，无毛，长 8 ~20 厘米，宽 5.5 ~8 厘米，先端短渐尖，钝头，基部宽楔形或近圆形，边缘具波状钝齿；叶柄长约 1 厘米，有沟槽。总状花序腋生，长 10 ~25 厘米；花梗长 1.5 毫米，被毛；花小，淡黄色，芳香；花被裂片 4 ~5 片，少部分 6 片；雄蕊与花被裂片同数，着生于基部；花柱 3 ~4 裂，下部合生，子房半下位，侧膜胎座 3 ~4 个，每室有胚珠 5 ~7 粒；种子长椭圆形，长 1.5 毫米。

光叶天料木

生长特性

光叶天料木大多零星分布于热带季节性雨林中，构成乔木层上层的成分；在南亚热带范围的常绿阔叶林中有时也能见到。分布区的年平均气温 19℃ ~ 22℃，极端最低温 3℃ ~ 5℃，年降水量 1200 ~ 1800毫米，相对湿度 80%以上。土壤为砖红壤或赤红壤。在上层深厚、水湿条件好的地方，生长较好；贫瘠土壤则生长较差，植株明显矮小。花期为 4 ~ 5 月，果熟期为 5 ~ 6 月。

地理分布

光叶天料木主要分布于云南南部景洪、勐腊及西南部耿马等县，散生于海拔 500 ~ 1000 米地带。

巴东木莲

形态特征

常绿乔木，高 15 ~ 25 米，胸径达 120 厘米；树皮淡灰褐色；小枝灰褐色，无毛。叶互生，革质，倒卵状椭圆形或倒卵状倒披针形，长 7 ~ 20 厘米，宽 3.5 ~ 7 厘米，先端尾状渐尖，基部楔形，全缘，两面无毛，上面绿色，有光泽，中脉在上面下，侧脉 13～15 对；叶柄长 1.5～3 厘米。花单生于枝顶，白色，芳香；花被片 9 片，外轮窄长圆形，长 4.5～5 厘米，宽 1.5～2 厘米，中轮及内轮倒卵形，长 4.5～5.5 厘米，宽 2～3 厘米；雄蕊

巴东木莲花

长 5～10 毫米，花药紫红色，药隔伸出；雌蕊群窄卵圆形，雌蕊约 55 枚，每心皮有胚珠 4～6 粒（少部分 6～8 粒或 1～3 粒）。聚合果圆柱状椭圆形，长 5～9 厘米；成熟时淡紫红色，背缝开裂。

生长习性

巴东木莲萌发力极强

巴东木莲分布区气候较温暖、湿润，年均温约 13℃，极端最低温 -7℃，极端最高温 35.4℃，年降水量 1256 毫米，多集中在春夏季，相对湿度约 80%。本种性耐阴，喜温暖湿润的气候和肥沃、排水良好的土壤。在湖北西南部，主要生长于石灰岩山地中下部土层深厚之处。萌发力极强，生长较快。花期在 5～6 月，果熟期为 10 月。

地理分布

巴东木莲为我国特有的珍贵树种，零星散布于湖北、湖南及四川的局部地区，因森林破坏严重，在每个分点上最多只有数株，少者仅存1株，而且幼苗、幼树极少，已处于濒危灭绝的境地。

目前仅分布于湖北西部巴东县思阳桥及西南部利川县毛坝，湖南西北部桑植天

巴东木莲果实

平山、大庸张家界和四川东南部南川金佛山等地。生于海拔700～1000米的常绿阔叶林中。

长喙厚朴

长喙厚朴

长喙厚朴属渐危种。落叶乔木，高15～25米。分布于云南和西藏局部地区，生于海拔2110至3000米的林中。该地气候干湿季明显，雨量不均。木材纹理直、结构细、少开裂，是建筑、家具、细木工等的良材；树皮入药作厚朴代用品。

形态特征

落叶乔木，高 15 ~ 25 米，树皮灰褐色；小枝粗壮，无毛。叶互生，5 ~ 7 片集生枝顶，倒卵形或宽倒卵形，长 30 ~ 50 厘米，宽 18 ~ 28 厘米，先端圆钝，有短急尖，或有时 2 浅裂，基部微心形，上面绿色，有光泽，下面苍白色，沿脉被弯曲的锈褐色毛，侧脉 28 ~ 30 对；叶柄粗壮，长 4 ~ 7 厘米；托叶与叶柄连生，长约为叶柄的 2/3。花大，芳香，花梗粗壮，长 2 ~ 2.5 厘米；花被片 9 ~ 11 片，外轮 3 片背面绿色，微

长喙厚朴枝叶

长喙厚朴生于高海拔地区

带粉红色，长圆状椭圆形，长 8 ~ 13 厘米，反卷，内两轮白色，直立，倒卵状匙形，长 12 ~ 14 厘米；雄蕊紫红色；雌蕊群圆柱形。聚合果圆柱形，直立，长 11 ~ 14 厘米，直径约 4 厘米；蓇葖先端具向外弯曲、长 6 ~ 8 毫米的喙，内有种子 2 颗；种子成熟时悬挂于丝状种柄上，外种皮红色。

生长习性

分布区年平均气温约 10℃，最热月平均气温约 15℃，极端最高温约 32℃，最冷月平均温气约 3℃~5℃，极端最低温 −13.5℃~−8.5℃，年降水量约 1500 毫米，干湿季明显，雨量分配不均，年平均相对湿度 77% 左右。土壤为黄棕壤或棕壤。混生于海拔 2100~2600 米的山地湿性常绿阔叶林中，或生长于海拔 2600~3000 米的针阔混交林。4 月展发新芽，5~7 月开花，10 月果熟，11 月落叶即进入休眠期。

长喙厚朴生长缓慢

地理分布

国内分布：产于云南西北部及西南部（腾冲、云龙、泸水、碧江、贡山）和西藏（墨脱）。

国外分布：缅甸东北部有分布，生于海拔 2100~3000 米的林中。

生长特性

长喙厚朴生长缓慢，一般一年生长 3 次，在干热季、雨季、雾凉季各生长 1 次。一般种植 10~12 年后始花，15 年后始果，开花期在 4 月下旬至 5 月，果熟期在 7 月下旬至 9 月初。新鲜种子发芽率为 83%，种子寿命短，应随采随播。

白豆杉

形态特征

　　白豆杉是常绿灌木或小乔木，高达4米。枝通常近轮生或近对生，基部有宿存芽鳞。叶条形，螺旋状着生，排成2列，直或微弯，先端骤尖，基部近圆形，两面中脉凸起，下面有两条白色气孔带，有短柄，叶内无树脂道。雌雄异株，球花单生叶腋，无梗；雄球花圆球形，基部有4对苞片，雄蕊6～12枚，盾形，交叉对生，花药4～6枚，辐射排列，花丝短，雄蕊之间生有苞片；雌球花基部有7对苞片，排成4列，胚珠1粒，直立，着生于花轴顶端的苞腋，珠托发育成肉质、杯状、白色的假种皮；种子坚果状，卵圆形，微扁，长5～7毫米，顶端具小尖头，有短梗或无柄。花期为3～5月，果期为7～10月。单种属。枝条长轮生；叶线形，螺旋状排列，基部扭转成2列，直或微弯，长1.5～2.6厘米，宽2.5～4.5毫米，两面中脉隆起，上面光绿色，背面有白色气孔带；雌雄异株5月开花；种子坚果状，卵圆形，假种皮白色，肉质，10月成熟。

生长特性

　　白豆杉生于亚热带中山地区下，气候温凉湿润，云雾重，光照弱，年平均气温12℃～15℃，年降水量1800～2000毫米，平均相对湿度80%以上，土壤属山地黄壤，强酸

94

白豆杉

白豆杉果实

性，pH 值为 4.2 ~ 4.5，有机制含量 5.4% ~ 18.4%，肥力较高，群落外貌多为常绿一落叶阔叶混交林，在分布区北缘的浙江遂昌九龙山，乔木层主要由木荷建群众的常绿阔叶林。白豆杉为阴性树种，一般喜生长在郁闭度高的林荫下，在干热和强光

照下生长萎缩，干形弯曲。根系发达，岩缝内也可扎根，但成丛生灌木。幼年生长缓慢。雌性结实常不稳定，受孕率又低，种子有休眠期，需隔年发芽。冬芽于 3 月中旬膨大，4 月上旬展叶；花于 3 月下旬至 4 月上旬开放，种子于 9 月下旬至 10 旬成熟。

地理分布

白豆杉分布于浙江南部龙泉、遂昌、缙云，江西北部德兴，西南部井冈山，湖南南部宜章、道县，西北部桑植、慈利，广西东北部临桂与广东北部乳源等地；垂直分布于海拔 900 ~ 1400 米的陡坡深谷密林下或悬岩上。

版纳青梅

版纳青梅属稀有种。为最近发现的新树种，常绿乔木，高 35 ~ 40 米，胸径 40 ~ 90 厘米。仅分布于云南局部海拔 900 ~ 1000 米之间的低山峡谷中。地区环境气候高温、多湿、静风、无霜。是中国特有的珍稀植物，对研究热带植物区系有学术价值；木材坚硬，材性好，是热带优良用材树种之一。

形态特征

版纳青梅是常绿乔木，高达 35～40 米，胸径 40～90 厘米；树皮灰白色至灰黑色，有环状纹。叶近革质，长圆状披针形，长 9～19 厘米，宽 2.5～5 厘米，先端渐尖，

版纳青梅

版纳青梅果实

基部宽楔形，除中脉具稀疏星状毛外，其余无毛，侧脉 12～14 对；叶柄长 1.5～2 厘米，密被黄色星状短绒毛。圆锥花序顶生或腋生，长 5～12 厘米，密被黄色星状短绒毛；花萼裂片 5 片，大小略不等；花瓣 5 片，白色或微红色；雄蕊 15 枚，两轮排列，内轮 5 枚，外轮 10 枚。蒴果近球形，被星状绒毛；宿存萼片 5 枚，其中 2 枚增大成长圆状披针形的翅，长 3～4 厘米，宽 1～1.5 厘米，其余 3 枚披针形，长 1.5～2 厘米，宽 5 毫米。

生长习性

版纳青梅生长在明显的热带季风气候区，全年高温、多湿、静风、无霜。一年之中可分为雨季（6～9 月），干凉季（10 月～次年 2 月）和干热

季（3～5月），年平均气温20.6℃，年降水量约1400毫米，年平均相对温度85%，雨日约200天，雾日约170天。土壤为紫色砂岩发育而成的砖红壤。常与鸡毛松、滇波罗蜜、细青皮、假广子、橄榄等混生。通常为主要优势树种。花期在5～6月，果期在8～9月。

地理分布

仅分布于云南勐腊县南沙河、景飘河两侧，海拔900～1000米的低山峡谷。

柄 翅 果

柄翅果又名"心叶砚木"，落叶大乔木，高20余米，胸径达1米。分布于贵州、云南等地区海拔200～1100米的阔叶林中。为喜暖树种，幼树可耐一定阴湿，对土壤适应性广。在郁闭大的林冠下，更新良好。5月开花，9～10月果熟。近年

柄翅果对土壤适应性广

来，由于乱砍滥伐，现仅散见于次生林中，以柄翅果占优势的天然林已很难找到。

形态特征

柄翅果是落叶大乔木，高20余米，胸径达1米；树皮灰褐色，浅纵裂；

小枝密生星状柔毛，后变无毛。叶厚纸质，宽卵形、卵形或倒卵形，长 6～25 厘米，宽 5～20 厘米，先端阔短尖，偶为三浅裂，基部斜心形，边缘有小齿，两面密生星状毛，基出脉 5～7 条；叶柄长 2.5～12 厘米。雌雄异株，聚伞花序腋生，长约 3 厘米；花单性，白色或淡黄色，花瓣 5 片，萼片 5 片，外面生星状柔毛，内面基部有腺体；雄花有雄蕊 25～30 枚，连成 5 束，在雄蕊丛中有退化子房，雌花的子房具柄，5 室，花柱短，子房有 5 棱。果序长约 1 厘米；蒴果长圆形或长椭圆形，长 1.3～3.5 厘米，有 5 纵裂，熟时裂为 5 瓣；种子呈倒卵形。

柄翅果

地理分布

分布于贵州南部罗甸、望谟、册亨和广西西北部隆林、西林、天峨、田林、乐业及云南东南部弥勒、丘北、罗平、石屏、金平、屏边等地。主要沿南盘江、红水河、红河及其支流分布。生于海拔 200～1100 米的阔叶林中。

生态和生物学特征

柄翅果是喜暖树种。分布区南、北盘江一带河谷深切，焚风效应明显，气候炎热干燥，年平均气温为 20.9℃，年降水量 1000 毫米左右，雨季只有 4 个月，干湿季明显；在北盘江以东，受东南季风影响，降水较多，柄翅果仅见于红水河上游及步柳河等背风的干热河谷。由于高原屏障，冬季南下寒潮影响较弱，虽可出现极短暂的低温和霜冻，尚不见寒害。柄翅果为弱阳性树种，幼时能耐阴湿，对土壤的适应范围较广，在石灰岩、砂岩、页岩等母岩发育而成的红色石灰土、红褐土、砖红壤性土均能生长。但对水分要求较高，多生于沟谷及两侧的下坡或河流域岸，常与青

柄翅果对水分要求很高

99

檀、粗糠柴、香须树、木棉等混生，有时可成为小面积的局部优势种。在郁闭度大的林冠下，更新良好，每平方米幼树可达3株。幼树3月展叶，大树在5月中花叶同时开放，9～10月果熟，1月落叶。

长瓣短柱茶

长瓣短柱茶是渐危种。长瓣短柱茶是我国罕见的特有种，目前星散地残存于福建、广西、江西、湖北、湖南等省区的个别分布点上，数量极少，天然繁殖力较弱，随着森林植被的破坏，分布区域正日益缩小。

长瓣短柱茶花

形态特征

长瓣短柱茶果

常绿小乔木，高2～10米，胸径5～25厘米；树皮红褐色至灰褐色，平滑；全株除芽鳞疏被柔毛外均无毛。叶互生，厚革质，长圆形或椭圆状长圆形，长6～11厘米，宽3～4.5厘米，边缘具细尖锯齿，侧脉5～7对，中脉和侧脉在上面常明显凹下，下面隆起，叶下面被红色腺点；叶柄长1～1.5厘米。花通常1～2朵，顶生或近顶腋生，无梗，白色，直径4～10厘米；苞片和萼片为9～10片，近圆形；花瓣5～6片，倒卵形，长2.5～5.5厘米，顶端二裂；雄蕊多数，长7～14毫米，子房3室，被毛。花柱短，长3～4毫米。蒴果球形，熟时淡褐色，稍粗糙，直径2～2.5厘米，果壳较薄。

地理分布

长瓣短柱茶分布于福建建宁、宁化、沙县、南平、建瓯，江西黎川，湖南攸县、永顺，湖北来凤、咸丰、鹤峰、宣恩、恩施、利川、五峰、宜昌，广西龙胜等地。生于海拔150～500米的常绿阔叶林中。

生长特性

分布区的气候特点是温暖湿润，夏季炎热、多雨，冬季比较寒冷，年平均气温16℃～19℃，年降水量1200～1600毫米，雨季多集中在5～8月。土壤为红壤或黄壤。在阳光较充足和肥沃、疏松的土壤上生长良好，但也能耐较荫蔽和瘠薄地。在福建沙县和建宁一带，通常零散生长在以甜槠、青冈苦槠为主的常绿阔叶林中或林缘。2～3月开花，果实9～10月成熟。

长柄双花木

形态特征

长柄双花木是落叶灌木，高2～4米，胸径6厘米；多分枝，小枝曲折。叶互生，卵圆形，长5～7.5厘米，宽6～9厘米，先端钝圆，基部心形，全缘，掌状脉5～7条；叶柄长5厘米。头状花序有两朵对生无梗的花；花序梗长1～2.5厘米；花两性；萼筒浅杯

长柄双花木

状，裂片5片，卵形，长1～1.5毫米；花瓣5片。红色，狭披针形，长约7毫米；雄蕊5枚，花丝短，花药内向2瓣开裂；子房上位，2室，胚珠多数，花柱2裂。极短，柱头略弯钩。蒴果呈倒卵圆形，长1.2～1.6厘

米，直径 1.1 ~ 1.5 厘米，木质，室背开裂；每室有种子 5 ~ 6 粒；种子长圆形，长 4 ~ 5 毫米，黑色，有光泽。

生长习性

长柄双花木生于海拔 630 ~ 1300 米的低山至中山。为耐阴树种，长在林下的植株可形成主干，位于山脊陡坡的，则因大风和易受日灼，树干多弯曲丛生。

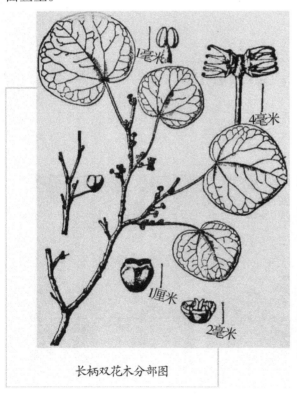

长柄双花木分部图

分布区的气候特点是温凉多雨，云雾重，湿度大。年平均气温 12.9℃。1 月平均气温 2.6℃，极端最低温 −12.3℃。7 月平均气温 22.6℃，极端最高气温 31.8℃。年降水量约 1965 毫米；平均相对湿度 84%（据浙江龙泉 1000 米分布气象资料）。成土母质多为花岗岩，土壤为山地黄壤，土层浅薄多岩块，酸性，pH 值在 5.6 左右。耐阴树种，长在林下的植株可形成主干，位于山脊陡坡的，因大风日照强，易受日灼，树干多弯曲，丛生。常与交让木、厚皮香、美丽马醉木、老鼠矢、满山红等伴生。冬芽于 3 月份初萌发，4 月上旬展叶，花期在 10 月下旬，果实于翌年 9 ~ 10 月成熟。花开放时，叶多数已脱落，花枝上同时具有去年的蒴果。

地理分布

　　长柄双花木分布区极为局限，残存于南岭山地山顶矮林或灌丛中，环境恶劣，为数稀少，且易遭山火焚烧。

　　常见于湖南空树岩、常宁阳山、宜章莽山，江西南丰军峰山，浙江开化龙潭（已灭绝）及龙泉溪等地，生于海拔630～1300米的低山至中山。

长叶榧树

103

　　长叶榧树属渐危种。分布于浙江、福建西北部地区，生境特殊，天然更新慢并随着植被的破坏而改变，成年植株越来越少。

形态特征

　　长叶榧树是常绿小乔木或常为多分枝灌木；树皮灰褐色，老后成片状剥落；枝条轮生或对生，开展或小枝下垂，幼枝绿色，2～3年生红褐色，有光泽；冬芽具少数交互对生的脱落性芽鳞。叶对生，裂成二列，质硬，线状披针形状，长3～13厘米，宽3～4毫米，先有渐刺状尖头，基部楔形，有短柄，上面光绿色，具2条不明显的中脉，下面淡黄绿色，有2条较绿色边带窄的灰白色气孔带。雌雄株，雄球花单生叶腋，

长叶榧树

具4~8轮、每轮4枚雄蕊。椭圆形或长圆形、基部有交互对生的苞片，具短梗；雌球花成对生于叶腋，各具2对交互对生的苞片和1枚侧生的小苞片，具短梗；胚珠单生，直立，仅1个球花发育。种子的全部被肉质假种皮所包，倒卵圆形，长2~3厘米，成熟时红黄色，被白粉；胚明显地向内深皱。

地理分布

长叶榧树果

长叶榧树分布地位于浙江西部桐庐、建德，南部仙居、松明、遂昌、缙云、丽水、龙泉、庆元、云和、永嘉，福建北部浦城及西北部泰宁等地，海拔250~900米的地带。

生长特性

分布区位于东部中亚热带。因受东南季风的影响，气候特点是夏季气温较高、多雨，冬季比较寒冷，全年基本湿润。年平均气温17℃~20℃，极端最高温达40℃左右，极端最低温 - 9.9℃，年降水量1350~1600毫米，相对温度80%，母岩多为花岗岩、流纹岩、灰岩和赤色砂岩，土壤为红壤或山地黄壤，强酸性，pH值为4.2~5，有机质含量在10%以上。通常生长在山势陡峭、峡谷深邃或多基岩裸露的陡峭坡或溪流两旁的常绿阔叶林或次生灌丛中。在福建泰宁常和尖叶栎、乌冈栎、石楠、继木等或与青冈、甜槠、木荷、鹿角杜鹃、微毛松等伴生。长叶榧树的顶芽通常生长到一定时候便停止生长，常从基部萌生数枝，使成年树多呈丛生；根系侧根和须很发达，根有肥厚的皮层，贮水能力强，能耐暂时的干旱。一般5～10年生幼树便开花结实，花期在3～4月，种子次年10月成熟。

秤 锤 树

秤锤树现仅存于南京附近局部地区，因植株不高，生长缓慢，常被樵材，故野生植株几近绝灭。目前南京、上海、杭州、武汉、青岛、黄山等地植物园中有少量栽培。

形态特征

秤锤树是落叶小乔木，高6米，胸径5～8厘米；冬芽裸露单生或2枚叠生，密被深褐色星状毛；新枝被灰褐色星状毛，后变无毛。单叶互生，椭圆形或椭圆状倒卵形，长4～10厘米，宽2.5～5.5厘米，先端短渐尖，基部楔形或圆形，边缘有细锯齿，侧脉5～

秤锤树花

10对；生于花序基部之叶卵形而较小，基部圆形或心形；叶柄长3～6毫米，被星状毛。花两性，3～5朵组成总状花序，生于侧枝顶端，花白色，直径约2厘米；萼倒圆锥形，5浅裂，外被星状毛；花冠6～7裂，裂片长圆形，两面密被星状花、叶细绒毛；雄蕊10～14枚，生于花冠基部，花丝上部分离，下部联合成管；子房半下位，3～4室，每室有6～8粒胚珠，花柱纤细。坚果木质，下垂熟时栗褐色，卵圆形或卵状长圆形，顶端具钝或尖的圆锥形呈喙状，连喙长1.5～2.5厘米，直径1～1.3厘米，密被淡褐色皮孔；果梗长1～2.5厘米。

地理分布

秤锤树分布于江苏南京幕府山、燕子矶、江浦县老山及句容县宝华山。生于海拔300～400米的丘陵山地。

是江苏省特有植物，产于南京、江宁等地，生于山坡路旁树林中；浙江等地有栽培。秤锤树属野茉莉花科秤锤树属，落叶小乔木或灌木，高达3～7米，枝直立而稍斜展，叶椭圆形至椭圆状倒卵形，花果均下垂，是一种优良的观赏树种，可用作庭园绿化。仅产于江苏局部地区，为我国特产，属国家二级保护濒危树种，野生的秤锤树已灭绝。2004年4月从江苏省林科院引进秤锤树苗，种植在溧水县东屏镇种苗基地，进行栽培与扦插育苗试验。

生长特征

秤锤树果

秤锤树为北亚热带树种。分布区的年平均气温15.4℃，最热月平均气温约27℃，最冷月平均气温3℃左右，年降水量1000毫米，分布不匀，5～9月为雨季。土壤为黄棕壤，pH值为6～6.5。具有较强的抗寒性，能忍受－16℃的短暂极端最低温。为喜光树种，幼苗、幼树不耐庇荫。喜生于深厚、肥沃、湿润、排水良好的土壤上，不耐干旱瘠薄。偶见于次生落叶阔叶林中，主要伴生的乔灌木有麻栎、黄连木、白鹃梅等。4~5月开花，9~10月果熟。果实大，果实卵圆形，木质，有白色斑纹，顶端宽圆锥形，下半部倒卵形，长1.5~2厘米，直径1~1.3厘米，形似秤锤。成熟后常落于母树周围，如下方土壤裸露，土质坚实，难以发芽。因此，母树下必需有腐叶等疏松物质，坚果才能在潮湿疏松的基质中发芽，否则天然更新困难。

翅果油树

形态特征

翅果油树是落叶乔木，高11米，胸径达1米；树皮深灰色，深纵裂；1年生枝灰绿色，密被银灰色星状毛及鳞片。叶互生，卵形或卵状椭圆形，长6~9厘米，宽2~5厘米，全缘，称端钝尖，下面密被灰白色星状柔毛，侧脉10~12对；叶柄长6~15毫米，密被灰白色柔毛。花两性，淡黄绿色，1~3朵花生于新枝基部叶腋，花梗长3

翅果油树

~4毫米；无花瓣，萼筒钟形，具8棱脊，长5~8毫米，直径5毫米，在子房上面稍向内收缩，顶端4裂，裂片近三角形，长约4毫米；雄蕊4枚，花丝短；子房上位，纺锤形，1室，含1枚胚株，花柱细长，有绒毛，柱头头状。果实核果状，干棉质，近圆形或宽椭圆形，有 8 个翅状棱脊，多毛；种子纺锤形，富含油脂。

分布与习性

翅果油树经济价值较高

翅果油树星散分布于山西和陕西局部地区，中国特有种。既是木本油料植物、蜜源植物和用材树种，又是干旱地区营造水土保持林的优良树种，经济价值较高。

分布于山西乡宁、河津、翼城和陕西户县等地。生于海拔 800 ~1500 米的山坡。

分布区属暖温带半干旱气候，其特点为夏热少雨，冬季干冷，年平均气温约 10℃，年降水量 500 ~ 600 毫米，多集中于 7 ~ 9 月，无霜期 150 ~ 190 天。土壤为黄黏土或山地褐色土，呈中性或微酸性反应。多生于阴坡和半阴坡，阳坡亦有分布，往往形成单优种群落，或与其他植物组成群落。在阴坡和半阴坡与其伴生有的有三裂绣线菊、虎榛子、黄刺玫、沙棘、牛奶子等；在阳坡有荆条、白刺花、木对节刺等。翅果油树喜光，抗寒、抗风，耐干旱和贫瘠土壤，适宜在干旱地区生长，不耐水湿。根系发达，具根瘤，萌蘖力强，3 年生萌蘖枝开始开花结果。花期在 4 ~ 5 月，果期在 9 月。

滇　桐

形态特征

　　滇桐是乔木，高 6 ~ 11 米；小枝粗壮，幼时被黄褐色星状短柔毛，后变无毛。叶互生，纸质，广卵形、椭圆形或椭圆状卵形，长 8 ~ 20 厘米，宽 4.5 ~ 11 厘米，先端钝急尖或急尖，基部圆形、近截形或浅心形，边缘具小锯齿，上面无毛或有星状

滇桐

短柔毛，下面被细微的星状短柔毛，脉腋有簇生毛，侧脉 7 ~ 8 对；叶柄长 1.3 ~ 6 厘米。聚伞状圆锥花序腋生，长 4 ~ 6 厘米；花两性，花梗长约 5 毫米，具节，密被黄褐色星状短柔毛；萼片 5 片，肉质，卵状披针形，长约 7 毫米；无花瓣；退化雄蕊 10 裂，每 2 个成对着生；子房卵圆形，5 室，有 5 棱，密被黄褐色短柔毛，花柱 5 裂，离生。蒴果具 5 个薄翅，长约 3 厘米，宽 2.5 ~ 3 厘米，顶端圆形，基部凹入，翅扁平，有二叉分枝的横脉，宽 1.0 ~ 1.5 厘米，果柄长约 1 厘米；种子每室 4 ~ 6 粒，纺锤形，长约 1 厘米，黑色，光亮。

分布与习性

　　滇桐星散分布于云南西部瑞丽，东南部麻栗坡、西畴和广西西部靖那坡以及贵州南部独山，越南北部也有分布。生于海拔 500 ~ 1000 米以上的山地林

中。分布区受季风影响，干、湿季交替明显，5～10月为雨季，11月至翌年4月为旱季，年降水量920～1800毫米，85%集中于雨季，冬春旱、多雾露，有霜，偶有冰冻，但冬无严寒，夏无酷暑，四季均较温暖。土壤为黑色石灰岩土或棕色石灰岩土，pH值为6～7.5。滇桐能适应石隙生境。主要生长在石灰岩季节性雨林或半常绿季雨林中，为偶见种。花期为7月，果期为10～11月。据贵州省资料记载，它只产于独山县围寨，调查组成员于1997～1998年先后三次到此地寻找，均未发现。由于当地居民以烧柴为主，人为砍伐严重，大部分林木均遭到破坏，故已无法找到滇桐资源。

东京桐

东京桐属于大戟科，乔木，树高8～14米，胸径达30厘米。叶多集生于枝端，椭圆形或近菱形，长15～22厘米，宽10～14厘米。花单性，雌雄异株，排成顶生的伞房花序式的圆锥花序，雌花花序较短，有5枚白色舌状花瓣。果近球形，直径达4厘米，顶端有短尖，基部心形，外果皮厚，硬壳质，外被灰黄色短毛。种子椭圆形，栗色有光泽。

东京桐

为阳性偏中性树种，在阳光充足的地方结果较多，在较密的常绿阔叶林中结果很少。花期为5月，果期为8～9月。单株一般产鲜果约15千克。

在中国仅分布于广西、云南两省区的局部地区，范围狭窄，呈零散分布。东京桐为优良的木本油料植物，可供多种工业用途。

董 棕

很早以前，泰国就以出产西米而著称，西米露清凉甘甜，十分爽口，是人们夏天最理想的消暑食品。可是有谁知道，西米实际上并不是真正的米，更不是在田里种出来的，而是由西谷椰子树、董棕树等棕榈科植物髓心所产淀粉加工而成的。

董棕

111

董棕树的嫩茎也可食用，比茭白的味道还更好，可谓野菜中的美味山珍。因此，在森林中常遭到大量破坏，现已渐危，被国家定为二级保护植物。

董棕的嫩江茎可食用

董棕为棕榈科大乔木，高可达30多米，径粗约50厘米，树形奇异，状如花瓶，为理想的庭园观赏树种。叶片长20多米，宽3～4米，为植物界中最大者。挖去树干髓心所剩下的外壳十分坚韧，是最坚硬的木材之一，如做成水槽，可用几十年，甚至上百年；做成扁担，则经久耐用，几代人都挑不断；做成筷子，乌黑光亮，俗称"乌木筷"，其价值仅次于象牙筷，堪称赠送亲朋好友的上等佳品。

董棕是一次性花果植物，但它

的寿命比象鼻棕更长，为 40～60 年。

董棕是一次花果植物

董棕为棕榈科鱼尾葵属常绿乔木，自然资源稀少。为国家稀有大型棕榈植物，属于二级保护植物。其单干笔直，树形优美，四季常绿。是热带、南亚热带地区优良的观赏树种。

董棕性喜阳光充足、高温、湿润的环境，较耐寒，生长适温为 20℃～28℃。以种子繁殖，土壤要求疏松肥沃、排水良好。

董棕植株十分高大，树形美观，叶片排列十分整齐，适合于公园、绿地中孤植使用，显得伟岸霸气。

采收成熟果实，搓洗去果皮和果肉，将种子放在砂床上催芽，经常保持湿润，发芽后移至苗床上，适当荫蔽。绿化栽培最好用培育 2～3 年生大苗，在雨季初期带上定植，容易成活。

独兰花

独兰花是兰科独花兰属多年生地生草本植物。假鳞茎具节，淡黄白色，顶生 1 枚叶。叶具柄，叶片宽卵形或宽椭圆形，长 7～11 厘米，宽 4.5～8 厘米，全缘，下面带紫红色；叶柄长 5.5～9.5 厘米。3～4 月开花，花葶上有 2～3 枚鞘状退化叶；花单朵顶生，直径 5.5～7 厘米，常淡紫色，罕为白色；萼片 3 片，长圆状披针形；花瓣倒卵状匙形；唇瓣宽大，3 裂，侧裂片斜卵形，直立，围抱蕊柱，中裂肾形，边缘稍皱波，内面唇盘上具 5 条纵褶片，具紫红色疣点和细点，基部具长约 2 厘米稍弯曲的距。

生于海拔 400
~1500 米的常绿、
落叶阔叶混交林
下。分布于江苏、
浙江、安徽、江
西、湖南、湖北、
陕西和四川东部。

独兰花

杜 仲

现江苏国家级
大丰林业基地大量人工培育杜仲，另外四川、安徽、陕西、湖北、河南、
贵州、云南、江西、甘肃、湖南、广西等地都有种植。

形态特征

杜 仲

落叶乔木，高达
20 米。小枝光滑，黄
褐色或较淡，具片状
髓。皮、枝及叶均含胶
质。单叶互生；椭圆形
或卵形，长 7~15 厘
米，宽3.5~6.5 厘米，
先端渐尖，基部广楔
形，边缘有锯齿，幼叶

上面疏被柔毛，下面毛较密，老叶上面光滑，下面叶脉处疏被毛；叶柄长 1
~2 厘米。花单性，雌雄异株，与叶同时开放，或先叶开放，生于一年生枝
基部苞片的腋内，有花柄，无花被。雄花有雄蕊6~10 枚；雌花有一裸露而

延长的子房，子房1室，顶端有2叉状花柱。翅果卵状长椭圆形而扁，先端下凹，内有种子1粒。花期在4~5月，果期在9月。

生长习性

喜阳光充足、温和湿润的气候，耐寒，对土壤要求不严，丘陵、平原均可种植，也可利用零星土地或四旁栽培。

短叶黄杉

短叶黄杉是常绿小乔木，高6~10米。叶较短，长0.7~1.5厘米，先端钝圆有凹缺。球果卵状椭圆形，下垂。分布于广西西南部，生于海拔400~1250米处的石灰岩山地疏林中。本种是黄杉属中唯一生长在石灰岩土壤上的种类。

短叶黄杉

对开蕨

对开蕨属稀有种。其分布区域气候温凉、潮湿，土壤为酸性暗棕色森林土。多年生草本植物，根状茎粗短，横卧或斜生。本种的发现填补了对开蕨属在我国地理分布上的空白，具有一定的研究价值。其叶形奇特，颇为耐寒，雪中亦绿叶葱葱，是珍贵的观赏植物。

生存现状

对开蕨是我国新记录植物，仅产于吉林省长白山南麓和西侧的局部地区，且分布星散，如不加以保护，将有绝灭的危险。

对开蕨

形态特征

根状茎粗短，横卧或斜升。叶近生；叶柄长 10～20 厘米，粗 2～3 毫米，棕禾秆色，连同叶轴疏被鳞片，鳞片淡棕色，长 8～11 毫米，宽约 1 毫米，线状披针形，全缘；叶片长 15～45 厘米，宽 3.5～5 厘米，阔披针形或线状披针形，先端短渐尖，基部略变狭，深心形两侧圆耳状下垂，中肋明显，上面略下凹，下面隆起，与叶柄同色，侧脉不明显，二回二叉，从中肋向两侧平展，顶端有膨大的水囊，不达叶缘；鲜叶稍呈肉质，干后变薄，上面绝色，光滑，下面淡黄绿色，疏生淡棕色小鳞片。孢子囊群成对地生于每两组侧肋的相邻小肋的一侧，通常仅分布于叶片中部以上，叶片下部不育；囊群盖线形，膜质，淡棕色，

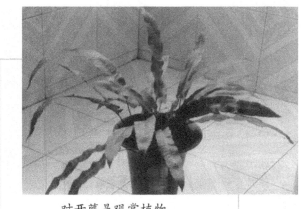

对开蕨是观赏植物

全缘，两端略弯向叶肉，并和相邻的一条靠合，成对地相向开口，形如长

梭状；孢子圆肾形，周壁具网状褶皱，表面具小刺状纹饰。

地理分布

对开蕨分布于我国吉林省长白朝鲜族自治县、集安、抚松及桦甸等地。生于海拔 700～750 米的阔叶林中。俄罗斯、朝鲜、日本也有分布。

生长特性

对开蕨分布区的气候温凉，潮湿，年平均气温 6.2℃，年降水量 946 毫米。土壤呈酸性反应，为暗棕色森林土。生于山地落叶阔叶林下的腐殖质层中，具有喜阴、喜湿等特点。

116

峨眉黄连

峨眉黄连属毛茛科中，多年生草本。根状茎黄色，圆柱形，极少分枝。叶基生，具长柄，狭卵形或披针形，3 全裂，各裂片边缘均有深裂，中央裂片比侧裂片长 3～3.5 倍。花葶通常单一，直立，多歧聚伞花序，萼片 5 片，花瓣 9～12 片，窄线形，长约

峨眉黄连

为萼片的 1/2，心皮 9～14 个。仅分布于四川峨眉山，生于海拔 1000～1700 米处的山地悬崖或潮湿处。

峨眉黄连又称"岩连"，野生，在黄连中最负盛名，为国家二级保护植物，过去常作为"南品"。其特点是：叶片窄长，形似雉尾，故又有"凤尾连"的美称。它的单枝略微弯曲，表面黑褐，断面金黄，比家种黄连色泽更深，味道更苦，质量更优。

大果青扦

大果青扦

大果青扦属濒危种。常绿乔木，高达 15 ~ 20 米，胸径 0.5 米。零散分布于河南、湖北、陕西等地海拔 1300 ~ 2200 米的山坡针阔混交林中。稍喜光，根系发达，在湿度较大、空气湿润、土壤水分充足的林中，天然更新良好。为秦岭特有种。

现状为濒危种。大果青扦分布于秦岭南坡部分地区。长期以来，由于人为的破坏，分布范围已有缩减，除陕西凤县辛家山尚有小片纯林外，其余均呈星散分布，林木稀少，急待保护。

形态特征

常绿乔木，高 15 ~ 25 米，胸径 50 厘米。树皮灰色，裂成鳞片状脱落。小枝具凸起的叶枕，基部有紧贴而宿存的芽鳞，1 年生枝淡黄色或淡黄褐色，无毛，2 ~ 3 年生枝淡黄灰色或灰色，老枝暗灰色。冬芽卵圆形或圆锥状卵圆形，微具树脂，芽鳞淡紫褐色。小枝上面之叶向上伸展，下面之叶辐射伸展或小枝下面和两侧的叶向上弯伸，钻形，长 1.5～2.5 厘米，宽约 2 毫米，深绿色，先端急尖，横切面近菱形，通常高于宽，每边有 4～7 条气孔线。球果长圆状圆柱形或卵状圆柱形，下垂，长 8～14 厘米，直径 5～6.5 厘米，成熟时淡褐色或褐色。种鳞斜方状五角形，长 2～2.7 厘米，宽 2～3 厘米，先端宽圆或近三角状；苞鳞短小，长约 5 毫米。种子倒卵圆形，长 5～6 毫米，种翅宽大，倒卵状，长 1.5～2.2 厘米，宽约 1 厘米。

大果青扦果实

地理分布

大果青扦零散分布于河南西南部内乡，湖北西部兴山、巴东、神农架，陕西南部户县、宁陕、佛坪、周至、太白、留坝、凤县，甘肃天水、微县、岷县、舟曲等地。多生于海拔 1300～2200 米的山坡针阔混交林中。

生长特性

大果青扦分布区的气候是冬春干冷，是夏凉，秋季多雨，湿度大，年平均气温 10℃～12℃，年降水量 700～900 毫米。

土壤为山地棕壤，微酸性反应。稍喜光，根系发达，在湿度较大、空气湿润、土壤水分充足的林中，天然更新良好。主要伴生树种有红桦、秦岭冷杉、陕西花楸等。花期在 5 月，球果 9～10 月成熟。

格　木

形态特征

格木树

格木属常绿乔木。木材暗褐色，材质坚硬，干燥后不变形，耐水耐腐，为名贵家具、造船、建筑等的良材；树冠浓荫苍绿，是优良观赏树种。树高达 25 米。小枝被短柔毛。二回奇数羽状复叶。腋生圆锥花序，花萼钟状，花冠白色。荚果带状扁平，厚革质，2 瓣裂。种子扁椭圆形，黑褐色。小枝有黄色短柔毛。二回奇数羽状复叶，羽片 2～3 对，小叶 9～13 枚，互生，革质，卵形，全缘。总状花序圆柱形。花白色，小密生。荚果扁平，带状，厚革质，黑褐色。花期在 5 月，果期在 10 月。

心边材区别明显，边材淡黄褐色；心材红褐或暗红褐色，常具深浅相间条纹，生长轮不明显。散孔材，管材小至中，数量少；单管孔及短径列复管扎，内含深色树胶或侵填体。轴向薄壁组织明显，翼状、聚翼状及轮界状。木射线细；径面斑纹可见、弦面局部具波痕。木材有光泽，无特殊气味和滋味；纹理交错，结构略粗，耐腐、耐久性强。材质硬重，强度高，气干密度为 0.80 米/厘米^3。

习　　性

格木喜光，喜温暖、湿润的气候。在土层深厚、疏松肥沃的冲积壤土中生长良好。不耐干旱，又忌积水。适生于平均气温21℃以上的地方。幼苗、幼树不耐寒，怕霜冻。在土壤肥沃、湿润、深厚的山坡下部、山谷生长迅速，当荚果由绿色变为黑褐色时即可采收。在冬季温暖地区，可随采随播。1 年生苗高 30～40厘米，即可出圃造林。造林地宜选择海拔 600 米以下土层深厚的酸性沙壤土或轻黏土。造林密度宜大些。可营造纯林或与木荷、

格木是建筑良材

马尾松等混交。主要虫害有细皮夜蛾等。木材坚重，耐水湿，可供船板、桅杆和上等家具等用材。

地理分布

格木主产于越南及我国广东、广西、福建、台湾等地。

观 光 木

观光木属于木兰科观光木属，是濒危种。观光木是我国特有的古老孑遗树种，为木兰科的单种属植物。目前多星散分布，数量极少。其种子易

120

观光木

丧失发芽力，更新困难。随着森林的破坏及乱砍乱伐，若不采取有效措施加以保护，有陷于灭绝的危险。

形态特征

　　观光木是常绿乔木，高达 25 米，胸径 1.1 米，树皮淡灰褐色，具深皱纹。小枝、芽、叶柄、叶面中脉、叶背和花梗均被黄棕色糙状毛。叶片厚膜质，椭圆形或倒卵状椭圆形，中上部较宽，长 8～17 厘米，宽 3.5～7 厘米，顶端急尖或钝，基部楔形，上面绿色，有光泽，中脉被小柔毛，侧脉每边 10～12 条。托叶与叶柄贴生，叶柄长 1.2～2.5 厘米，基部膨大。托叶痕几达叶柄中部。花两性，单生叶腋，淡紫红色，芳香；花蕾的佛焰苞状苞片一侧开裂，被柔毛，花梗长约 6 毫米，具一苞片脱落痕，花被片 9，象牙黄色，有红色小斑点，3 轮，窄倒卵状椭圆形，外轮的最大，长 1.7～2 厘米，宽 6.5～7.5 毫米，内渐小，内轮的长 1.5～1.6 厘米，宽约 5 毫米。雄蕊多数 30～45 枚，长 7.5～8.5 毫米，花丝白色或带红色，长 2～3 毫米；雌蕊 9～13 枚，狭卵圆形，密被平伏柔毛，花柱钻状，红色，长约 2 毫米，腹面缝线明显，柱头面在尖端，雌蕊群柄粗，长约 2 毫米具槽，密被糙状毛。聚合骨突果长椭圆形，有时上部的心皮退化而呈球形，长 10～18 厘米，直径 7～9 厘米，垂悬于具皱纹的老枝上，成熟时沿背缝线开裂，外果皮橄榄色，有苍白色大形皮孔，干时深棕色，具显著的黄色斑点；每聚合果有心皮 5～12 个，每心皮有种子 1～12 粒。种子具红色假种皮，椭圆形或三角状倒卵圆形，长约 15 毫米，宽约 8 毫米。花期在 3～4 月，果期在 10～12 月。

地理分布

观光木分布于云南、贵州、广西、湖南、福建、广东和海南等属于热带到中亚热带南部地区。在这些地区气温高，降水量大，是其生境的主要特征。本种开花后落花落果严重，因此自然更新困难。对本种的保护应着重在开花、结种、种子出芽和幼苗成长等环节上，促进其自然更新。同时应加强易地引种栽培，扩大园林绿化的引种。

观光木在贵州主要分布于黔东南黎平县的龙额地坪，从江丙梅、翠里及黔南荔波县的立化，散生于海拔 180～800 米的溪谷、河旁、林缘或常绿阔叶林中。

观光木是古老孑遗树种

生长习性

观光木喜温暖湿润气候及深厚肥沃的土壤。分布区的年平均气温 17℃～23℃，绝对最低温可达 0℃ 以下，年降雨量 1200～1600 毫米，相对湿度不低于 80%，多生于砂页岩的山地黄壤或红壤上，pH 值为 4～6。观光木为弱阳性树种，幼树耐阴，长大喜光，根系发达，树冠浓密。黎平县龙额有 4 株大树被砍伐后，其伐桩部重新萌发出茂盛的幼树，说明观光木具有较强的萌生能力。黎平、从江等地的观光木常与木荷、杉木、毛桐、臼栎、玉叶金花等混生。

观光木新梢年生长量达24厘米左右，萌发期在3月下旬或4月上旬，展叶期在4月下旬或5月上旬，变色期在10月上旬，落叶期在第二年新芽萌发时，同时老叶开始脱落。

海南粗榧

海南粗榧是濒危种，海南粗榧能长成高大的乔木，材质优良，屡遭砍伐。自20世纪60年代从其树皮、枝叶中分离出多种三尖杉酯碱，对治疗白血病及淋巴肉瘤有一定疗效后，破坏更为严重，资源日趋枯竭。必须加强保护，大量种植，才能永续利用。

形态特征

海南粗榧是常绿乔木，树干通直，高20~25米，胸径可达60~110厘米；树皮通常浅褐色或褐色，稀红紫色，裂成片状脱落。枝基部有宿存芽鳞，髓心中部具1树脂道。叶交互对生，2列，线形，质地较薄，中上部向上侧微弯或直，长2~4厘米，宽2.5~3.3毫米，先端急尖或渐尖，基部圆截形或圆形，几无柄，两面中脉隆起，上面绿色，下面有两条白色气孔带。雌雄异株，偶有同株；雄球花6~8聚生，圆球状，腋生，直径6~9毫米，总梗长4~5毫米；雌球花具长梗，生于小枝基部苞腋，少部分顶生，有数对交互对生的

海南粗榧

苞片，每苞腋着生 2 胚珠，胚珠生于球托之上，通常 2~8 个发育。种子簇生于梗端，翌年成熟，下垂，全部包于肉质假种皮中，倒卵状椭圆形、椭圆形或倒卵圆卵形，微扁，长 2.2~3.2 厘米，顶端有凸尖，成熟时假种皮常呈红色。

海南粗榧的树皮、枝叶可入药

地理分布

海南粗榧除主产于海南省外，广东西南部信宜，广西东南部容县，云南东南部国富宁、广南、麻栗坡和南部景洪、勐海与西部龙陵，西藏东南部墨脱等地有间断分布。在海南，目前仅在尖峰岭、南茂岭、毛阳岭、毛瑞岭、扎南岭等林区保存少量植株；定安县境内间有分布记载，但现已绝迹。印度东部、缅甸北部、泰国北部与西部、老挝北部、越南北部也有分布。

生态学和生物学特征

海南粗榧果实

分布区主要位于热带与南亚热带，散生于海拔 700~1200 米山地雨林或季雨林区的沟谷、溪涧旁或山坡。气候湿润，年平均气温 18℃~20℃，极端最低温可达 0℃，年降水量 2200~2600 毫米，相对湿度高达 90% 左右。土壤为山地黄壤。在海南常与红花天料木、鸡毛松、八角枫、粗枝木棣、长叶竹柏和桃榔等混生。幼苗幼树期间需要一定遮荫，成长后需光量不断增加；幼树树皮生物碱含量最高；大树荫芽力强。海南粗榧雄球花适逢旱季（2～3月）盛开，种子9～10月成熟。因天然授粉率低，结果也少，加上易遭鸟兽为害，故难获得种子。

海南假韶子

海南假韶子

　　海南假韶子是濒危种。常绿小乔木，高3～9米，胸径4～14厘米。仅分布于海南局部地区海拔200米以下山坡稀疏残林中。在深厚、疏松、肥沃而排水良好的沙壤土上生长良好。略耐旱瘠，繁殖力强，花期为4～5月，果期为7～8月，为海南特产。

形态特征

海南假韶子是海南特有树种

　　海南假韶子是常绿小乔木，高3～9米，胸径4～14厘米。树皮红褐色。小枝密生椭圆形皮孔。奇数羽状复叶，叶轴具细直纹。小叶3～7片，革质，长圆形或长圆状椭圆形，长8～20厘米、宽3～7厘米，先端急尖或渐尖，有时短尾状，基部楔形，边缘有疏锯齿，两面无毛，侧脉12～15对。小叶柄肿胀，长约8毫米。

　　花序圆锥状，腋生或顶

生，多花，被锈色绒毛；花小，有短梗；萼5深裂，裂片三角形，两面被绒毛；花瓣5片，白色，卵形，长约1毫米、鳞片2裂，被柔毛；花盘5裂，无附属物；雄蕊（雄花）8枚，花丝长约2.5毫米；子房（雌花）密被小瘤体，兼有糙状毛，3室，每室有1枚胚珠，仅1室发育；蒴果近球形，密生木质硬刺，直径2～2.5厘米，刺长约5毫米；种子1粒，呈斜压扁状，宽约2厘米，种脐大，椭圆形。

生活习性

海南假韶子适于年降雨量约1800毫米的地方生长。土壤为花岗岩或石灰岩风化形成的砖红壤性红壤，呈微酸性反应。在深厚、疏松、肥沃而排水良好的沙壤土上生长良好。略耐旱瘠，在干旱瘦瘠而开敞的石隙中仍能生长。

海南假韶子常与黄牛木、海南蒲桃、细基丸、小花五桠果、光叶巴豆、白格等乔木混生。

海南假韶子繁殖力较强，母树下幼树幼苗较多，伐桩上一般都有2～4株萌芽条。花期为4～5月，果期为7～8月。

海南海桑

海南海桑

海南海桑属于海桑科海桑属，为中国特有树种，仅天然分布于中国的海南岛，现正处在濒危状态。木材为装饰和建筑用材，其指状根经过处理后可作为木栓的代用品。

海南海桑是濒危种，为最近发现的稀有物种。分布区极狭小，目前仅有5株，树高8米的仅有1株，其基围2.3米，树冠扩展，其余株比较矮小，散生于林缘。生于海南海边的红树林内，林地距离低潮线80～100厘米，或距离地面有20～30厘米。

形态特征

海南海桑为乔木，高4～8米，基部周围具放射状木栓质的笋状呼吸根。小枝粗状，上部具不明显的钝棱，下部圆柱形、叶对生，革质，阔椭圆形或近圆形，罕有阔卵形，长6.5～8厘米，宽6～8厘米，顶端近圆或钝，基部短收狭，全缘。

海南海桑的叶片颜色较深

侧脉每边10～17条，近水平伸展与中脉成40°～50°角展出。花大而美丽，通常3朵簇生于枝顶，罕为单生；花梗粗壮，长2～3厘米，靠近花萼基部具关节；萼管钟形，具6钝棱，长10～12毫米，宽16～20毫米，萼檐6裂，裂片厚革质，三角形，内部红色，长15毫米，宽6～7毫米，顶端微短尖；在萼片之间花瓣生长的位置，有明显的退化雄蕊存在；花瓣缺，雄蕊多数，长4～4.5厘米，着生于萼管喉部；子房全部沉没在萼管内，近球形，长8～11毫米，直径13～14毫米，具12室；花柱宿存，略弯，长4厘米，有头状的柱头；胚珠在每室内多数。浆果扁球形，长4～4.5厘米，直径5～6厘米，基部有向上伸展的萼裂片和有时具1对小叶；种子极多，细小。

在野外，海南海桑与同属植物卵叶海桑在形态上的差别不是特别显著，海南海桑的叶片颜色较深，叶片长度与宽度相差不大，近圆形；而卵叶海桑的叶片颜色较浅，叶片长略大于宽，呈卵形；当花蕾存在时，就能从萼片上是否有瘤状物作出正确判断，卵叶海桑花萼片具瘤状凸起，海南海桑则无。

内部结构

叶横切面观：叶片为等面叶。表面被角质层，上、下表皮细胞近正方形，各 1 列，排列整齐，均有气孔及泌盐腺分布其中。栅栏组织的细胞柱状至长方形，排成较整齐的 3～4 层。海绵组织的细胞大小不一、排列不规则，没有明显的胞间隙，一般稍厚于栅栏薄壁组织，其厚度与栅栏组织比例约 1：1。有分枝状石细胞，石细胞密，从海绵薄壁组织插入栅栏薄壁组织。

表面观：表皮细胞为不规则四边形至多边形，边直形至近直形；上、下表皮均具气孔，气孔为 4～5 细胞轮列型，单气孔为主，表皮细胞之间有泌盐腺结构。环结曲形羽状脉，一级脉直形，中等粗细；二级脉多为开出后弯行至叶缘处弯曲，与上面二级脉连成脉环；三级脉结网型与贯串型并存，三级脉走向弯曲及近直向行走；四级脉多分枝并互相连接，或与五级脉构成较大的脉岛。

海南海桑果

次生木质部：横切面上管孔甚多，多数为复管孔，管孔圆形、卵圆形或呈多角形。导管和纤维分子短，壁厚，壁上有次生增厚。管间纹孔互列式，导管和射线细胞间纹孔对形态和大小变化较大，纤维细胞具单纹孔。具附物纹孔，单穿孔。轴向薄壁细胞稀少，径向薄壁细胞具晶体。单列射线，少数为二列射线，射线类型为同型Ⅲ型。具纤维状导管分子。

花粉形态：花粉粒长球形，三孔型，萌发孔为圆形，孔缘加厚凸起，萌发孔孔口小，有脊；两极区加厚，极区略宽，近光滑，稍具条状纹饰并有穴状纹。

但在对海南海桑的花粉母细胞进行减数分裂的过程观察时，发现在一些细胞中其染色体数有时多于 11，有时却少于 11。

地理分布

海南海桑仅天然分布于文昌市清澜保护区东阁和头宛两处，生长于杯萼海桑和海桑林的分布区内，分布范围狭窄。据最新调查，海南海桑个体数量极为稀少，在东阁有 2 株，在头宛有 6 株，在海南东寨港自然保护区内有引种栽培。数量仅有 100～200 株。

生长特征

海南海桑分布区气候高温湿润，属热带季风气候类型，5～10 月为雨季，11 月～次年 4 月为旱季。年均温 24℃，年降雨量 1700 毫米。在东阁镇群建排港村内海港湾高滩地生长的两株海南海桑，树龄估计在 100 年以上，树干粗壮，有分叉。一株树高 13 米，胸径 47

海南海桑花

厘米，冠幅 12 米；另一株树高 14 米，胸径 35 厘米，冠幅 13 米。产地环境为内海高潮滩地，土壤为坚实的沙泥土。冠幅下生长着角果木、海莲、榄李、红树、木果楝、瓶花木等红树植物。海南海桑耸立在其他红树植物之中。另外 6 株海南海桑生长在文昌市头宛，其中有 2 株生长于头宛村前中潮滩地，与拟海桑、海桑、红树、海莲等混生，产地条件较好，土壤松软，淤泥深厚，常有潮水浸淹。另外 4 株生长于霞场村中高潮滩地，与卵叶海桑、杯萼海桑、角果木、海莲等混生，土壤为淤泥土。

海南油杉

海南油杉是濒危种。海南油杉为海南特有的珍稀树种。分布区域狭小，林木株数亦甚少，急需加强保护，大力育苗、造林，以免灭绝。

形态特征

海南油杉球果

海南油杉是常绿乔木，高达 30 米，胸径达 1～2 米；树皮灰黄色或灰黄褐色，粗糙，不规则纵裂；小枝无毛；冬芽卵圆形，芽鳞多数，宿存于小枝基部呈鞘状。叶辐射状散生，线状披针形或线形，微弯或直，长 5～14 厘米，宽 3～9 毫米，先端的尖而钝，基部楔形，具短柄，两面中脉隆起，上面沿中脉两侧各有 4～8 条气孔线，下面有两条灰绿色气孔带。雄球花 5～8 个簇生枝顶或叶腋，雌球花单生侧枝顶端。球果直立，圆柱形，长 14～18 厘米，径约 7 厘米。

中部种鳞斜方形或斜方状卵形，长约 4 厘米，宽 2.5～3 厘米，鳞背露出部分无毛，先端钝或微凹，微反曲。苞鳞长约为种鳞的 1/2，中下部微窄缩，上部近圆形，先端不明显 3 裂，中裂窄三角状，长约 2.5 毫米，侧裂钝圆。种子近三角状椭圆形，长 14～16 毫米，种翅厚膜质，中下部较宽，宽 13～14 毫米，与种鳞几乎等长，先端钝。

地理分布

分布区极为狭窄，目前仅见于海南西部昌江县雅加大岭周围的山顶或山坡上部，海拔高 1150～1350 米。

生长特性

海南油杉产地位于热带季风区的坝王岭，濒临南海；但处在海南西部背风面低平地方，气候干热，而中山上较为凉湿。年平均气温约 18℃，年降水量 1797 毫米，5～10 月为湿季，11 月～次年 4 月为干季，但地处雾线以上，相对湿度大，而常风较强。土壤为山地黄壤，深厚，地表枯枝落叶层较厚。常与陆均松、乐东拟单性木兰和油丹、雅加松等

海南油杉

混生。为阳性树种，在林内天然更新不良，幼苗、幼树不多见。1～2 月开花，翌年冬季球果成熟。

荷叶铁线蕨

荷叶铁线蕨

荷叶铁线蕨是铁线蕨科铁线蕨属草本植物。多年生蕨类，高 5～20 厘米。根状茎短而直立。叶椭圆肾形，宽 2～6 厘米，上面深绿色，光滑，并有 1～3 个同环纹，下面疏被棕色的长柔毛，叶缘具圆锯齿，长孢子叶的叶片边缘反卷成假囊群盖。孢子囊群长圆形或短线形，生于叶缘。

生存现状

荷叶铁线蕨是濒危种。生于海拔约 200 米的湿润且没有荫蔽的岩面薄土层上、石缝或草丛中。仅发现于四川省万县和石柱县的局部地区，由于开辟公路及采挖作药用，现数量极少，仅残存于少数岩缝或岩面的薄土层上及杂草丛中，已陷入濒临灭绝的境地。

荷叶铁线蕨叶片像弯月

形态特征

　　荷叶铁线蕨植株高 5～20 厘米。根状茎短而直立，先端密被披针形鳞片和多细胞的细长矛毛。叶簇生；叶柄长 3～14 厘米，粗 0.5～1.5 毫米，深栗色，基部密根状茎上相同的鳞片和矛毛，干后易被擦落。叶片圆肾形，直径 2～6 厘米；叶柄着生处有一深缺刻，但无垂

荷叶铁线蕨属原始植物

133

耳；叶片上面以叶柄着生处为中心，形成 1～3 个环纹；叶片的边缘有圆钝齿，长孢子的叶片边缘反卷成假囊群盖而齿不明显，上面深绿色，光滑，下面色较淡，疏被棕色多细胞的长柔毛，天然干枯后呈褐棕色或灰绿色。叶脉自叶柄着生处向四周辐射，多回二歧分叉，两面均可见。孢子囊群长圆形或短线形，囊群盖同形，全缘，彼此接近或偶有间隔。

地理分布

　　荷叶铁线蕨产于四川万县武陵区，新张、小沱区、杉树坪和石柱县局部地区有分布，海拔约 205 米。

生长特性

荷叶铁线蕨生于温暖、湿润和没有荫蔽的岩面薄土层上、石缝或草丛中。喜中性略偏碱性的基质土。早春发叶，7月后形成孢子囊群，8~9月孢子陆续成熟。

红　桧

形态特征

134

阿里山的红桧

阿里山的红桧树为常绿大乔木，高可达57米，地上直径达6.5米。树皮淡红褐色，条片状纵裂。生鳞叶的小枝扁平，排成一平面。叶交互对生，长1~2毫米，先端锐尖；中央一对紧贴，外露部分近菱形，有1个腺点，先端锐尖；侧面的一对船形，折覆着中央之叶的侧边和下部，背面具纵脊，小枝上面的叶绿色，微有光泽，下面的叶被白粉。雌雄同株，球花单生侧枝顶端；雄球花卵圆形或长圆形，雄蕊6~8枚，交互对生，花药3~5枚；雌球花具5~7对珠鳞。球果当年成熟，长圆形或长圆状卵圆形，长10~12毫米，直径6~9毫米。种鳞交互对生，木质，盾形，顶部具少数沟纹，中央稍凹，有尖头。种子扁，成熟时红褐色，微有光泽，两侧具窄翅，长约2毫米。

地理分布

红桧为我国台湾地区特有树种，分布于我国台湾地区中央山脉，北插

红桧枝叶

天山、三星山、太平山、八仙山、大雪山、小雪山、鞍马山、鹿场大山、香杉山、蒲罗山、望多山、郡坑山、峦大山、阿里山、太鲁阁山、云雾山、安东军山、关门山、林田山等地海拔 1050~2400 米的针叶林内。气候温和、湿润，年降雨量在 1500 毫米以上

的地区。宝岛台湾地处温带热带之间，四季如春，雨水充沛，为各种各样植物提供了良好的生息之地。

生长习性

阿里山的红桧主要分布于针叶林内。喜温和湿润的气候。分布区年平均温 10.6℃，1 月平均气温 5.8℃，7 月平均气温 14.1℃，年降水量 4165 毫米，相对湿度 85%。土壤为发育良好的灰棕壤或灰壤，成土母质为灰色砂岩，土壤中盐基的生物

红桧根系发达

循环较强，表土疏松，团粒结构，酸性反应，pH 值为 5.5～6。红桧一般多在 10°～20°的东南坡，风力微弱地带，或受山岭包围的溪谷。常与台湾扁柏混生，或形成纯林。为喜阳树种，根系发达，天然更新良好，幼树需要一定的光度，生长较快。

长 序 榆

长序榆是濒危种。长序榆是近年发现的新种。星散分布于浙江西南部、江西东北部和福建中部。大树已不多见，多呈孤木状态，天然种植的存活率较低。

海拔下限（米）	400
海拔上限（米）	900

形态特征

长序榆

长序榆是落叶乔木，高达 25～30 米，胸径 80 厘米。树干端直，树皮淡褐灰色，裂成不规则鳞状块片。小枝栗褐色，无毛；冬芽长卵圆形。叶互生，椭圆形至披针状椭圆形，长 7～19 厘米，宽 3～8 厘米，先端渐尖，基部楔形，微偏斜，边缘具向内弯曲的大重锯齿，下面幼时密被细柔毛，其后被毛或叶脉被毛，侧脉每边 16～30 个；叶柄长 5～8 毫米，密被细柔毛。花两性，先叶开放；总状聚伞花序长 4～8 厘米，下垂，花梗长 6～15 毫米；花萼裂片 6 片，淡黄色，边缘有毛；雄蕊 6 枚；子房扁平，有毛；花柱 2 裂，柱头被细柔毛。翅果窄长，两端渐尖，长 2 ～ 2.5 厘米，中部宽 3 ～ 4 毫米，先端深 2 裂，宿存花柱长约翅果的 1/3，基部具长的子房柄，两侧边缘密被白色长睫毛；果核位于翅果中部，椭圆形；果梗长 5 ～ 12 毫米。

地理分布

我国仅浙江和福建北部有少量分布。浙南遂昌九龙山、松阳交塘、庆元以及浙北临安顺坞等地山区，在森林植被保存较好的局部地段有零星分布，数量极少。天然生长在海拔 700 ～ 900 米的山谷、沟边或山坡下部的阔叶林中。长序榆为深根性、喜光树种，幼树主、侧根系发达。以散生在向阳山坡、山谷稀疏阔叶林内或林缘生长较好。

长序榆是喜光树种

生长习性

长序榆适生于温暖湿润的东南季风气候和较肥沃的山地黄壤，多生于疏林或林中开阔地。为喜光树种，通常与杭州榆、红楠、木荷、南方红豆杉、栲树、毛竹等混生。天然林木 30 年生，胸径 28 厘米；80 年生，胸径 60 厘米。本种的冬芽在浙江南部于 3 月开始膨大，下旬至 4 月初开放，4 月上旬为展叶期；花于 3 月先叶开放，4 月中下旬翅果成熟，同时抽生新梢，10 月下旬至 12 月上旬为落叶期。翅果轻，风播能力较强。因幼苗不耐荫蔽，在密林中不能天然更新；在阳光充足的疏林地中距母树 120 米的范围内有天然下种的幼苗。

半 枫 荷

半枫荷产于广东、广西，生于山地常绿林中。常绿大乔木，树皮灰色；嫩枝无毛。

半枫荷高可达20米。树皮灰色，不开裂，略粗糙。叶簇生于枝顶，革质，卵状椭圆形。花单性，雌雄同株。雄花头状花序生于枝顶叶腋，长6厘米，每花苞片3~4枚；

半枫荷

雌头状花序常单生于枝顶叶腋，具2~3枚苞片，无花瓣。头状果序近球形，基部平截。蒴果具宿存萼齿及花柱，上半部凸出头状果序之外。种子有棱，无翅。

叶掌状2~3裂，裂片向上举，或不分裂，长圆形，有三出脉，无毛，边缘有锯齿；叶柄长2.5~4厘米；托叶线形，长5~8毫米。

雄花头状花序排成总状，无花瓣，雄蕊多数；雌花头状花序单生，萼齿针形，长3~6毫米，花柱长6~8毫米，先端反卷。

头状果序直径2.5厘米，有蒴果20~28个，宿存萼齿比花柱短。

大叶木兰

大叶木兰分布于云南，濒危种。产地森林破坏严重，大叶木兰成年植株几乎被砍光，目前只在云南南部及东南部残存少量植株，呈星散分布。

由于环境湿热，成熟种子落地后容易腐烂，天然更新受到限制。林内幼苗、幼树极少。

海拔下限（米）	300
海拔上限（米）	1300

形态特征

大叶木兰是常绿乔木，高达 20 米。叶革质，通常倒卵状长圆形，长 15～65 厘米，宽 4～22 厘米，先端突尖。基部宽楔形，上面深绿色，中脉明显凸起，下面灰绿色，侧脉 15～22 对。叶柄长 3～10 厘米，托叶痕的长度超过叶柄之半或达叶基部。花乳白色，直径 5～

大叶木兰

10 厘米。花被 9～12 轮，近革质，卵状长圆形，长 5.5～7 厘米，中、内两轮肉质，倒卵状椭圆形或倒卵状匙形，长 5～7 厘米。雄蕊多数，长 14～20 毫米，花药内向开裂；雌蕊群椭圆状卵圆形，长 3～3.5 厘米。花梗粗状，向下弯曲。聚合果圆柱形或圆柱状卵圆形，长 2.5～4 厘米；蓇葖 80～104 枚，具瘤点，顶端具长喙。种子粉红色，内种皮黑褐色，近心形，长宽约 1 厘米。

生长特性

大叶木兰分布于山地、丘陵以及石灰岩石山沟谷。产地主要位于西部北热带偏干性季雨林、雨林地带，可北伸至西部南亚热带季风常绿阔叶林地带的南缘，热量丰富，冬季寒潮影响微弱，年均温 21℃～23℃，全年无霜；滇南年降水量 1200～1500 毫米，干湿季明显，但干季多浓雾，可补偿水分不足；滇东南因河谷向东南开口，年降水量在 1900 毫米以上，生境湿热。土壤为砖红壤性土或砖红壤性红壤，土层深厚、潮湿，有机质含量较高，pH 值为 5.5～6.1；石灰岩石山区为石灰岩土，微酸性至中性。大叶木兰常散生于沟谷雨林或山地雨林上层，伴生乔木有千果榄仁、番龙眼、窄叶翅子树、网脉肉托果等。在石灰岩沟谷则出现在以四数木为主的石灰岩季雨林，同时树种还有绒毛紫薇等。花期为 4～5 月，果熟期为 9～11 月。

大叶木莲

大叶木莲分布于云南（麻栗坡）、广西（靖西、那坡）。

濒危种。大叶木莲仅见于云南东南部和广西西南部，分布区已非常狭窄。由于当地群众喜以它作建筑用材，森林受到严重破坏，生境恶化，目前残存大树已甚稀少，幼树和幼苗亦甚少见，只见一些萌生幼树。

大叶木莲

海拔下限（米）	450
海拔上限（米）	1500

形态特征

大叶木莲是常绿大乔木，高 30 ~ 40 米，胸径达 1 米；小枝、叶背、叶柄、托叶、果柄、佛焰苞等都密被黄褐色长绒毛。叶革质，集生于枝端，倒卵形至倒卵状长圆形，长 25 ~ 50 厘米、宽 10 ~ 20 厘米，先端急短渐尖，基部宽楔形，侧脉 20 ~ 22 对；叶柄长 2 ~ 3 厘米；托叶痕为叶柄长的 1/3 ~

1/2。花芳香，花梗粗壮，紧靠花被下具 1 个厚约 3 毫米的佛焰苞；花被 9 ~ 12 片，肉质，外轮淡绿色，倒卵状长圆形，长 5 ~ 6.5 厘米，中、内轮白色，较狭小。雄蕊多数，长 1.2 ~ 1.5 厘米，花药长 8 ~ 10 毫米，内向开裂，药隔紫红色；雌蕊群卵圆形，长 2 ~ 2.5 厘米。聚合果熟时

大叶木莲生于南亚热带地区

鲜红色，卵球形或长圆状卵圆形，长 6.5 ~ 11 厘米；蓇葖沿背缝及腹缝开裂。

大叶木莲生长于南亚热带常绿阔叶林中，其自然条件与华盖木相同，环境基本相似，有时两者混生在同一环境中组成上层乔木。大叶木莲为半阴性树种，喜生于较阴湿的沟谷两旁，或山沟下部较低洼处。土壤为山地黄壤或黄棕壤，pH 值为 4.5 ~ 5.7，腐殖质层厚达 10 ~ 20 厘米，有机质高达 20% 左右。少见于干燥山坡土壤瘠瘠处。常与华盖木、云南拟单性木兰、伯乐树及樟科、山毛榉科、灰木科、五加科、槭树科、山茶科、金缕梅科的树种混生成林。花期在 5 ~ 6 月，果熟期在 10 ~ 11 月。

滇南风吹楠

　　滇南风吹楠分布于云南（勐腊、景洪、沧源），濒危种。滇南风吹楠是我国南部热带季节性雨林中的特有种，分布区狭小，由于雨林过度毁坏，数量极少，在已划定的自然保护区内，雄株较多，雌株稀少，天然更新能力极差。同时，当地商业部门收购种子，群众采用伐树收果的不合理的方法，使得结实植株日渐减少，如不加强保护，将有绝灭的危险。

海拔下限（米）	300
海拔上限（米）	650

形态特征

　　滇南风吹楠是常绿乔木，高 12～25 米，分枝常集生树干顶部，胸径30～50 厘米；树皮灰白色；小枝皮孔显著。叶互生，薄革质，长圆形或倒卵状长圆形，长 20～35厘米，宽 7～13 厘米，先端渐尖，基部宽楔形，两

滇南风吹楠

面无毛，侧脉 12～22 对；叶柄扁，长 2～3.4 厘米，宽约 5 毫米。花单性，异株；雄花序圆锥状，着生于老枝落叶腋部，长 8～15 厘米，各部被锈色树枝状毛，老时渐脱；花小，直径约 5.5 毫米，橘红色，花被裂 3 片或 4 片；雄蕊 20 枚，完全结合成球形体；果序轴颇粗壮，密被皮孔，长 6～12 厘米，着成熟果 1～2 个。果椭圆形，长 4.5～5 厘米，外面光滑，基部偏斜，并下延成柄，宿存花被片成不规则盘状，成熟时 2 瓣裂；种子 1 粒，为假种皮完

全包被，假种皮橙红色，种皮薄，脆壳质，胚乳呈嚼烂状。

生长特性

滇南风吹楠果实

滇南风吹楠分布于沟谷雨林的坡地上。本种要求高温多湿的环境。分布区年平均气温 19℃～21℃，极端最低温不下 0.5℃，极端最高温达 40℃，相对湿度 82%～86%；年降雨量 1200～1500 毫米，分布不均匀，80%～90% 的雨量多集中在 5～10 月，但干季多雾，以补偿水分之不足。土壤为三叠纪紫色砂页岩形成的山地黄壤性土，有机质层厚，pH 值为 4.5～5.5。滇南风吹楠非主要建群种，在热带季节性雨林中居于 2～3 层乔木，个别高 30 余米，可达第 1 层，与其伴生的主要建群种有番龙眼、千果榄仁、毗黎勒、轮叶戟、白颜树等。在土壤干燥瘠薄的地方极少天然分布。花期在 1～2 月，果期在 4～6 月。当果实成熟落地后，小兽喜吃，天然更新较差，在有上层乔木的荫蔽下则偶见幼苗。

千果榄仁

千果榄仁，使君子科，榄仁树属双子叶植物。常绿或半绿乔木。生长于泸水、临沧、景东、屏边、新平、西双版纳等地海拔 500～1700 米的地方，为热带雨林上层树种之一。高达 40 余米，胸径约 2 米，具板状根。种子繁殖以条播为好，适宜在云南南部中低山丘陵土壤较湿润的地区造林。

143

木材坚硬，可供造船及建筑等用。

形态特征

千果榄仁是常绿大乔
木，高 25 ~ 35 米，胸径
达 1 米以上，具大形板状
根；树皮灰褐色，老时淡
褐色，片状剥落；小枝初
被褐色短绒毛，后变无
毛。叶对生，长椭圆形，
长 10 ~ 18 厘米，宽 5 ~ 8

千果榄仁花

厘米，全缘或微波状，稀有粗齿，先端有一短而偏斜的尖头，基部微圆，
除中脉被黄褐色毛外，无毛或近无毛，侧脉 15 ~ 25 对，两面明显，平行；
叶柄较粗，长 5 ~ 15 毫米，其顶端两侧常有 1 个具柄的腺体。顶生或腋生总
状花序组成大形圆锥花序，长 18 ~ 26 厘米，总轴密被黄色绒毛；花极小，
多数，两性，红色，连梗长约 4 毫米，小苞片三角形，宿存；萼杯状，长 2
毫米，5 齿裂，脱落；无花瓣；雄蕊 10 枚，伸出，具花盘。瘦果细小，极
多数，具 3 翅，其中 2 翅等大，1 翅特小，长约 3 毫米，连翅宽约 12 毫米；
翅膜质，干时淡黄色，被疏毛，大翅对生，长方形，小翅位于两大翅之间。

生长习性

千果榄仁分布区属热带及南亚热带季风气候，终年无沙，干湿季分明，
年均温 19℃ ~ 23℃，极端最低温 0℃ ~ 3℃；年降雨量 1200 ~ 1800 毫米，雨
量大多集中于 5 ~ 7 月；相对湿度 70% ~ 86%。土壤以砖红壤性土壤为主，
其次为山地红黄壤、黑色石灰土及河岸冲积土等，土层深厚，pH 值为 4.5
~ 7.5。千果榄仁要求温暖、湿润的小环境，一般多散生于河岸和沟谷地带的
热带雨林、季雨林及南亚热带季风常绿阔叶林中，为林内的上层高大乔木，

局部地区也能形成优势树种。千果榄仁生长较快，在人工栽培的情况下生长更为迅速，年直径生长量可达2厘米以上，年高生长可达1.5米以上。8月始开花，10月果熟，可宿存至翌年1月。果实极多，能随风飞扬，但发育者少，自然更新能力差，林内几乎不见幼树，仅在空旷地方偶见幼苗生长。

千果榄仁叶子

145

栽培方法

　　果熟后，及时采收，种子阴干后随即播种，1年后基本丧失发芽力。按细粒种子播种管理，保持水土湿润，10天左右就能发芽，长出1～2对真叶后，另行移床管理，或移植营养袋内。种子发芽率不高，需要适当增加播种量。幼苗初期要求一定的荫蔽。苗高30厘米左右即可定植。

下篇 三级濒临灭绝植物

瓣 鳞 花

瓣鳞花属稀有种。该属在地中海区、澳大利亚、智利和北美西部各有1种。在我国只分布瓣鳞花1种，仅出现在新疆、甘肃和内蒙古内三个非常狭小的范围，植株极为零星稀少。

形态特征

瓣鳞花是一年生矮小草本，高5～16厘米，少数可高达30厘米；多分枝或少分枝，上升或斜展，有白色短柔毛。叶通常4片轮生，倒卵形或窄倒卵形，长2～6毫米，宽1～2毫米，先端钝或微缺，基部渐窄成1～2毫米长的短

瓣鳞花

柄，全缘，上面无毛，下面疏生柔毛。花两性，辐射对称，形小，无梗，

单生叶腋或于茎和枝的上部集成聚伞花序；萼合生，宿存，萼筒长2～5毫米，萼齿5个，长0.5～1毫米；花瓣5片，粉红色，长披针形或长倒卵形，长3～4毫米，具有长4～6毫米的舌状附属物或爪；雄蕊6枚，分离，花丝下部连合；子房上位，1室，胚珠多数，侧膜胎座。蒴果包藏于宿萼内，卵圆形，长约2毫米，3瓣裂；种子

矮牡丹

长椭圆形，长0.5～0.7毫米。

地理分布

在我国目前仅见于新疆新源县、甘肃民勤县和内蒙古额济旗等地。生于海拔1200～1450米的河滩、湖边等盐化草甸中。

生长特性

瓣鳞花为地中海型干旱气候环境中的耐盐植物。喜生于干旱区内潮湿并轻度盐渍化的土壤上。花果期为5～8月。

矮 牡 丹

矮牡丹属毛茛科，分布于山西（稷山）、陕西（延安、耀县、洛阳）。现在因根皮能入药，长期遭受过度采挖，已处于濒危境地。

海拔下限（米）	1000
海拔上限（米）	1400

形态特征

矮牡丹是落叶小灌木，高60～80厘米。花通常单瓣，呈黄、红、紫或白色，花瓣基部无紫斑。矮牡丹和紫斑牡丹区别在于顶生小叶宽椭圆形或近圆形，3深裂至中部，裂片再浅裂，下面与连同叶轴、叶柄均被短柔毛，小叶柄长1～1.5厘米。

生长特性

矮牡丹生长分布于阴坡疏林下或沟谷两旁的岩石缝中。

凹叶厚朴

凹叶厚朴分布于安徽、浙江、福建、江西、湖南、湖北、贵州、广西、广东等省区。

由于过度滥伐森林和大量剥取树皮药用，导致分布范围迅速缩小，成年野生

凹叶厚朴花

植株极少见，其濒危情况与厚朴相同。

海拔下限（米）	400
海拔上限（米）	1200

形态特征

凹叶厚朴是落叶乔木，高达15米，胸径40厘米。为厚朴的亚种，与厚朴的主要区别是树皮稍薄，叶较小而狭窄，呈狭倒卵形，先端有明显凹缺。

凹叶厚朴叶先端凹缺成2钝圆浅裂是与厚朴唯一明显的区别特征。通常凹叶厚朴叶较小，侧脉较少，聚合果顶端较狭尖。凹叶厚朴的树皮亦可作药用。

生长特性

凹叶厚朴是落叶乔木，小枝粗壮。幼时有绢毛。花大单朵顶生，直径10～15厘米。白色芳香，与叶同时开放。花期在5～6月，果期在8～10月。

八角莲

八 角 莲

八角莲生于常绿阔叶林，落叶阔叶林下阴湿处或水旁、山沟石缝中。喜阴湿，忌强光和干旱。

八角莲分布虽广，但零星散生，常被采挖作药用。分布范围逐渐缩小，植株数量日益减少。

149

形态特征

　　八角莲是多年生草本，有粗壮的根状茎。茎直立，高 10 ~ 20 厘米，无毛。茎生叶常为 2 片，盾状，轮廓长圆形或近圆形，长 16 ~ 22 厘米，宽 12 ~ 19 厘米，无毛，8 ~ 9 浅裂，裂片宽三角状卵形，边缘有针刺状细齿。叶柄长 10 ~ 15 厘米，无毛。花 5 ~ 8 朵，簇生于 2 茎叶叶柄的交叉处，下垂，花梗 2 ~ 3 厘米；花两性，萼片 6 片，卵形或椭圆状长圆形；花瓣 6 片，紫红色，长圆形；雄蕊 6 枚，雌蕊 1 枚。浆果长圆形，绿色。花期在 4 ~ 6 月，果期为 7 ~ 9 月。

巴 戟 天

形态特征

　　巴戟天是缠绕藤本。叶对生，膜质，长圆形，先端尖，背脉及叶柄被短粗毛；托叶干膜质。头状花序，有花 2 ~ 10 朵，生于小枝端或排成伞形花序，花梗被毛；萼管半球形，先端不规则齿裂；花冠白色，喉部收缩，4 裂；雄蕊 4 枚，花丝短；子房下位，4 室，花柱细短，2 深裂。

巴戟天

聚花果常单个，近球形，每室 1 粒种子。花期为 4 ~ 6 月，果期为 7 ~ 11 月。

　　生于山谷、溪边或林下。主要产于广东、广西，福建也有栽培。

性状特点

本种为扁圆柱形，略弯曲，长短不等，直径0.5～2厘米。表面灰黄色或暗灰色，具纵纹及横裂纹，有的皮部横向断离露出木部；质韧，断面皮部厚，紫色或淡紫色，易与木部剥离；木部坚硬，黄棕色或黄白色，直径1～5毫米。无臭，味甘而微涩。

白桂木

白桂木是桑科常绿乔木，高约10米，有乳汁。幼枝和叶柄有锈色柔毛。

白桂木

叶革质，长7～15厘米，宽5～8厘米，全缘或具波状齿，托叶早落。花单性，雌雄同株，与盾形苞片混生于花序托上。雄花序长1.2～1.6厘米；花被片2～3片，雄蕊1枚；雌花序较小，花被管状。聚花果球形，直径约1.5厘米。

151

分布于云南、广东和广西；生于常绿阔叶林中。其乳汁可提取硬性胶；果生食或糖渍，或作调味用；木材制家具；根可入药，活血通络。

形态特征

白桂木单叶互生，椭圆形或倒卵状长圆形，幼叶常羽状浅裂，叶背面密被灰色短绒毛。花单性同株，密生于花序轴上，花序单生于叶腋；雄花序倒卵形或棒状。聚合果球形，熟时金黄，外被褐色短柔毛，表面有乳头状凸起。花期为 4~5 月，果熟期为 7~8 月。

生长特性

白桂木喜光、喜湿，多生于土层深厚肥沃的村边疏林、中低海拔丘陵或山谷的疏林中。分布区气候年均温 18.8℃ ~22.4℃，1 月均温 8.9℃ ~14.8℃，7 月均温 27.0℃ ~28.8℃，年均降水量 1459.7 ~2348.0 毫米，年日照时数 1448.5 ~2137.8 小时，日照百分率 33% ~49%，相对湿度 77% ~82%。

白 菊 木

白菊木是落叶小乔木。树皮灰色，条裂。小枝灰黄色，初被白色绒毛，叶互生，椭圆形至长圆状披针形，全缘或有疏锯齿，先端渐尖，基部斜楔形，上面无毛，下面被白色绒毛。头状花序生于枝顶再排成伞房状而密集成宽的复头状花序，每一头状花序有花 4~6 朵，白色筒状花，5 深裂。生长于海拔 1000~1800 米的热河谷地带，产于滇东南、滇西及滇中各县。

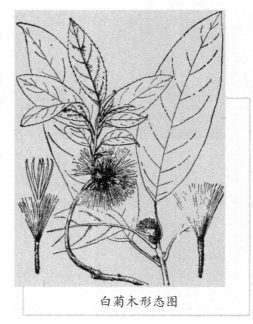

白菊木形态图

形态特征

白菊木高 2~5 米。枝有条纹，幼时白色，被绒毛。叶片薄，椭圆形或长圆状披针形，长 8~18 厘米，宽 3~6 厘米，顶端短渐尖或钝，基部阔楔形，两侧常不等长，边缘浅波状，具极疏的胼体状小齿，上面光滑，仅幼时被毛，下面被绒毛；中脉两面均凸起，于下面尤著，侧脉 8 对或有时更多，基部近平展几成直角从中脉发出，后弧形上升离缘弯拱连接，网脉明显，网眼小。叶柄长 1.5~4 厘米，被毛，内侧腋芽厚被绢毛。头状花序于花期直径近 1 厘米，近无梗或有短梗，通常 8~12 个或有时更多复聚成复头状花序；总苞倒锥形，直径 4~5 毫米。总苞片 6~7 层，外层卵形，被绵毛，长 2~4 毫米，宽约 2 毫米，顶端钝；中层长卵形或卵状披针

白菊木

形，略被毛，长约 6 毫米，宽 2~2.2 毫米，顶钝或短尖；最内层狭长圆形或线形，长约 13 毫米，宽 1.3~2 毫米，质薄，无毛，顶端尖。花托圆盘状，无毛，直径约 1 毫米。花比叶先开放，白色，全部两性；花冠管状，长约 2 厘米，檐部稍扩大，5 深裂，裂片近等长，卷曲，长 7~8 米；花药顶端尖，长约 10 毫米，尾部向下渐尖，长为花药的 1/3；花柱分枝内侧略扁、钝，长达 1.5 毫米。瘦果圆柱形，长约 12 毫米，基部略狭，具纵棱，密被倒伏的绢毛。冠毛淡红色，不等长，长 13~15 毫米。花期为 3~4 月。

生长习性

白菊木多生于干热河谷。年均温约 18℃，1 月均温为 11℃，极端最低温 3℃，极端最高温达 38℃，年降雨量在 800~1000 毫米。土壤为千枚岩发育的砖红壤，有机质含量 3%~5%，pH 值为 6.0~6.5。白菊木为阳性树种，常生

长于以虾子花、红皮水棉树、火绳树为优势的稀树灌木草丛中。早春落叶，3～4月开花，至雨季来临始逐渐萌发新叶，秋季果实成熟，瘦果有冠毛，可随风飞扬，但在干热河谷地带，由于地表干旱，天然下种的幼苗甚少。

地理分布

白菊木产于云南南部至西部（北至大理）。生于山地林中，海拔1100～1900米。越南、泰国、缅甸也有分布。

刺 五 加

刺五加生于山坡林中及路旁灌丛中；药圃常有栽培。分布于华中、华东、华南和西南。根皮祛风湿、强筋骨，泡酒制成五加皮酒（或制成五加皮散）。根皮含挥发油、鞣质、棕榈酸、亚麻仁油酸、维生素A、维生素B_1。

形态特征

刺五加是落叶灌木，高1～6米。茎密生细长倒刺。掌状复叶互生，小叶5片，少部分4片或3片，边缘具尖锐重锯齿或锯齿。伞形花序顶生，单一或2～4个聚生，花多而密。花萼具5齿；花瓣5片，卵形。雄蕊5枚，子房5室。浆果状核果近球形或卵形，干后具5

刺五加

棱，有宿存花柱。花期在 6~7 月，果期在 7~9 月。生于山地林下及林缘。主要产于中国东北地区及河北、北京、山西、河南等地。

药材性状

刺五加根茎结节状不规则圆柱形，直径 1.4~4.2 厘米；表面呈灰褐色，有皱纹；上端有不定芽发育的细枝。根圆柱形，多分枝，常扭曲，长 3.5~12 厘米，直径 0.3~1.5 厘米；表面灰褐色或黑褐色，粗糙、皮薄，剥落处呈灰黄色。质硬，断面黄白色，纤维性。有特异香气，味微辛，稍苦、涩。

朝鲜崖柏

朝鲜崖柏

朝鲜崖柏是渐危种。朝鲜崖柏不仅分布区局限，面积也小，在我国长白山的西南侧呈星散或小片分布。由于乱砍滥伐，生境破坏，致使分布范围日趋缩小。

海拔下限（米）	700
海拔上限（米）	1800

由于长白山地处东北的东南，来自东面日本海和南部黄海潮湿气流的影响，纬度虽高，但气候温和而潮湿，形成特殊的自然环境，在这里火山灰形成的土壤，矿物质丰富，起伏的山坡上森林茂密，植被丰富。朝鲜崖柏就生长在如此优越的环境中，分布极为狭窄，为了对它进行保护被定为国家二级保护野生植物（国务院 1999 年 8 月 4 日批准）。

朝鲜崖柏为常绿小乔木，最高可达 10 米，树皮红褐色，老树灰褐色条状纵裂。枝平展或下垂，小枝扁平排成一平面。鳞形叶交互对生，4 片成一节，排成4列，叶下被白粉。花单性，雌雄同株，球花生枝顶，雌球花有4~5对球鳞，球果椭圆形长9~10毫米，直径6~7毫米。

在长白山自然保护区内的朝鲜崖柏可就地保护，严禁砍伐森林，林下许多呈灌木状的幼树，只要保护好可长大成树。也可以播种或扦插进行迁地栽植。

生长特性

朝鲜崖柏分布于针阔林内。分布区受来自日本海的湿润气团的影响，因而气候较温暖，降水较充沛。年平均气温大致在3℃~6℃，仅有季节冻土，1月份平均气温-15℃~25℃，7月份平均气温多在20℃~26℃，无霜期为120~150天，年降水量600~1000毫米，多集中在6~8月三个月，占全年降水量的70%~80%。朝鲜崖柏为阴性浅根系树种，喜生于空气湿润、腐殖质多的肥沃土壤中，多见于山谷、山坡或山脊，裸露的岩石缝中也有生长。伴生的乔木树种有臭冷杉、岳桦、花楷槭和花楸树等。花期在5月，球果9月成熟。

沉 水 樟

沉水樟是常绿乔木，树高可达40米，胸径1.5米。木材的比重通常小于1，也有个别木材大于1，它比水重可以沉入水中，沉水樟可算比重大的木材。沉重的木材一般质地紧密，坚硬结实。沉水樟除提供木材外，还可提取芳香油。因而此树种经济价值高。本树种被列为国家级保护植物，除了具有经济利用价值外，由于其地理分布从中国大陆到台湾地区呈间断分布，因而沉水樟对植物地理区系的研究亦具有科学意义。

分布与习性

　　沉水樟分布于我国台湾地区的台北、新竹、台中、花莲，浙江省南部乐清、苍南、文成、泰顺、庆元、龙泉，福建崇安、建阳、建瓯、南平、沙县、永安、福州、福清、安溪、连城、南靖、上杭，江西省全南、遂川、井冈山、泰和、安福、万载、宜丰、铜鼓、永丰，湖南省永兴、祁阳、东安、绥宁、洞口、城步，

沉水樟可提取芳香油

157

广西壮族自治区东部平南与广东省始兴、新丰、肇庆、信宜等地。生于海拔 100～900 米（台湾可达 1800 米）的山坡、山谷林内或溪边。越南北部也有分布。

形态特征

　　沉水樟树高达 10 米，胸径 10～30 厘米。幼树树皮红褐色，平滑，老树树皮灰褐色，条片状纵裂。枝平展或稍下垂；小枝互生，幼时绿色，扁平，排成一面，3～4 年生枝红褐色或灰红褐色。叶鳞形，交互对生，排成 4 列，

沉水樟

4 片成节；上下列的叶扁平而紧贴，先端微尖或钝，具 1 个明显或不明显的腺点；侧边的叶船形，折覆着中央之叶的侧边及下部，先端内曲，背部有脊。小枝上面的叶绿色，下面的叶被白粉。雌雄同株，球花单生侧枝顶端；雄球花卵圆形，雄蕊交

互对生，各有4枚花药；雌球花有4~5对珠鳞，中部2~3对珠鳞各生1~2粒胚珠。球果当年成熟，椭圆形，长9~10毫米，直径为6~7毫米，熟时深褐色。种鳞交对互生，薄木质，扁平，背面近顶端有凸起的尖头。种子椭圆形，扁平，周围有窄翅，上下两端有凹缺。

长叶竹柏

长叶竹柏是常绿乔木，树高可达30米，胸径达70厘米，树干直，树冠呈塔形。树皮片状剥落，褐色。叶交互对生，叶质厚，宽披针形至椭圆状披针形，长8~18厘米，宽2.2~5厘米。花单性，雌雄异株。雄球花穗状簇生于叶腋；雌球花单生叶腋，数枚苞片，仅1片发育成种子。种子核果状，圆球形，肉质假种皮包裹，直径1.5~1.8厘米，梗长2.3~2.8厘米。

长叶竹柏

植物现状

长叶竹柏属罗汉松科植物，是中国热带和亚热带的珍稀树种，木材纹理直，结构细而均匀，材质较软轻，切面光滑，不开裂、不变形。主要分布在广东、广西、海南和云南，除个别地区分布较集中外，多为零星散生。由于长期砍伐而不保护、不种植，现存资源甚少。据《中国植物红皮书》记载，为中国渐危种。该树有标本于1989年采自海南陵水吊罗山，现收藏于天津自然博物馆。它宽披针形革质的叶，并列均匀的细脉，极具观赏价值；又加之此树干通直，木材结构细致，被列为上等木材；种子可榨油。

形态特征

长叶竹柏经济价值极高

长叶竹柏树高 20～30 米，胸径 50～70 厘米。树干通直，树皮褐色，平滑，薄片状脱落。小枝树生，灰褐色。叶交叉对生，质地厚，革质，宽披针形或椭圆状披针形，无中脉，有多数并列细脉，长 8～18 厘米，宽 2.2～5 厘米，先端渐尖，基部窄成扁平短柄，上面深绿色，有光泽，下面有多条气孔线。雌雄异株，雄球花状，常 3～6 穗簇生叶腋，有数枚苞片，上部苞腋着生 1 或 2～3 粒胚株，仅一粒发育成种子，苞片不变成肉质种托。种子核果状，圆球形，为肉质假种皮所包，直径 1.5～1.8 厘米；梗长 2.3～2.8 厘米。

地理分布

长叶竹柏分布于广东高要、龙门、增城，海南踩罗山、坝王岭、尖峰岭、黎母岭，广西合浦，云南蒙自、屏边等地。生于海拔 800～900 米的山地林中。越南、柬埔寨也有分布。

生长特性

长叶竹柏分布区较广，水热条件差异大，年均温 18℃～25℃，1 月均温

6℃～20℃以上，极端
最低温在海南为4℃以
上，在内陆可低至－
1℃或更低；年降水量
1800～2000毫米。为
中性偏阴树种，散生
于山地雨林常绿阔叶
林中，在林冠荫蔽下
能正常生长，结实较
多，种子发芽力强，
林下生苗生长旺盛。
土壤为山地赤红壤或
山地黄壤，pH值为
5.5～7.0。以在深厚、
疏松、湿润、多腐殖
质的砂壤土或轻黏土
上，生长较为迅速。
幼龄时生长缓慢，5年
生以后逐渐加快，30

长叶竹柏种子发芽力强

年生达到最高峰，此后生长逐渐减慢。定植后20年结实。主根直而明显，
侧根短小，集中于根颈下25厘米处，细根少，常具根瘤。3～4月开花，10
～11月种子成熟。

长苞铁杉

　　长苞铁杉是稀有种。长苞铁杉仅分布在我国亚热带少数省区，它在贵
州的分布区十分狭窄，种群数量稀少。本种的生境条件较差，多生长于山
脊地带岩石裸露的石山地区，一旦受到破坏，极难以恢复和更新，有沦为

渐危状态的危险。

长苞铁杉

地理分布

　　长苞铁杉为我国特有种。在贵州主要分布于黔东北的松桃乌罗和梵净山鱼坳,石棉厂及牛尾河谷中上段和三角桩,此外在剑河县昂英村也发现有 5 株长苞铁杉,分布区海拔 700 ~

1700 米。我国江西西南部、广西东北部、湖南南部及福建西部海拔 300 ~ 2000 米的山地也有分布。

　　分布于福建西南部上抗、连城、清流与中部德化,江西南部崇义、大余,广东北部乳源、连县,广西东北部至中部资源、兴安、灌阳、全州、龙胜、融水、临桂、全秀、大明山,湖南南部宜章、道县、江永、新宁、城步、绥宁、洞口,贵州东北部婺川、印江与东部剑河等地。多生于海拔 1000 ~ 1900 米地带的林中,常呈斑块状分布,而较集中于南岭山区,向东可达福建戴云山,向西北至贵州梵净山。

形态特征

　　常绿乔木,高达 30 米,胸径达 1 米,具平展常稍下垂的枝条。树皮暗褐色,纵裂。小枝具隆起的叶枕,淡褐黄色至红褐色,无毛,侧枝生长缓慢。冬芽卵圆形,无树脂,芽鳞宿存。叶辐射伸展,线形,直,长 1 ~ 2.5 厘米、宽 1 ~ 2.5 毫米,先端尖或微钝。基部渐窄成短柄,上面平或近基部微凹,具 7 ~ 12 条气孔线,微具白粉,下面沿中脉两侧有灰白色气孔带。雄球花单生叶腋；雌球花单生侧枝顶端，直立，苞鳞大于珠鳞。球果圆柱形，直立，长2~5.8厘米、直径1.2~2.5厘米；成熟时红褐色。种鳞革质，近斜方形，长0.9~2.2厘米、宽1.2~2.5厘米，先端宽圆，中部收缩，下部两侧凸出，基部两侧耳状；苞鳞近匙形，先端尖，稍外

长苞铁杉耐干旱

露；种子三角状扁卵圆形，长4.8毫米。种翅较种子为长，上部宽，先端圆。

生长特征

分布区主要地处中亚热带，个别产区可伸入南亚热带。多生于中山地带，气候温凉潮湿，雨量充沛，云雾大。如越城岭北纬约26°，海拔1450米的记录，年均温14.8℃，1月均温21℃，7月均温22.2℃；极端最低温－11.9℃，年降水量2065毫米，年平均相对湿度85%。土壤为酸性黄壤和黄棕壤。长苞铁杉多生于坡度30°以上的山脊或山坡向阳处，能适应岩石裸露、土层较浅的岩隙地，但在土层深厚肥沃之地生长更好。

长苞铁杉为阳性树种

长苞铁杉分布较集中的梵净山地区，气候属中

162

亚热带，但在山区内，由于气温随海拔高度的不同而有变化。在海拔1600米一带，平均气温10.1℃～10.6℃，≥10℃的积温2900℃～3060℃。年降水量1100～2600毫米，4～10月为雨季，其降水量占全年的30%以上，但冬季无明显的干季。分布区的土壤是发育在前震旦系板溪群的板岩或砂岩上的黄壤或山地黄棕壤，但由于林下岩石裸露，土层较薄，故较干燥。长苞铁杉为阳性树种，天然整枝良好，林下常见更新的幼树，幼树比中龄树耐荫蔽。对土壤水肥条件要求不高，耐干旱、瘠薄，在生境恶劣、常绿树种不易生长的山脊等地，长苞铁杉都生长良好。在梵净山，本种在海拔1400米以下的鱼坳等地分布最集中。其伴生树种，常绿的有甜槠栲、厚皮栲、巴东栎、曼青冈、褐叶青冈等；落叶树种有水青冈、枫香等，灌木有桦木、尖叶山茶、具柄冬青、云南冬青等。

长苞冷杉

长苞冷杉属松科常绿乔木，分布于西藏东南部高山地带。树高达40米。树皮暗褐色。叶线形，长1～2.5厘米、宽1～2.5毫米，先端微钝或尖，两面均有气孔线。球果圆柱形，直立，种鳞上部宽，鳞苞长，先端露出。木材硬度中等，抗腐力强，可供建筑、家具、矿柱、枕木、造纸等用。

形态特征

长苞冷杉是常绿乔木，高25～30米，胸径达1米。

树干：通直，树皮暗灰色，呈不规则块状开裂。

枝：密被褐色或锈褐色毛；冬芽有树脂。

叶：在小枝下面呈不规则两列，在小枝上面向上开展，线形，长1.5～2.5厘米，宽2～2.5毫米，先端通常凹缺，基部近楔形，有短柄，上面绿色，有光泽；中脉凹陷，下面有两条白色气孔带；横切面有两上边生树脂道。

球果：直立。卵状圆柱形，顶端圆，基部稍宽，无梗，长 7～11 厘米，直径 4～5.5 厘米，熟时黑色。

种：种鳞扇状四边形，长 1.9～2.1 厘米、宽 1.8～2.3 厘米；苞鳞窄，明显外露，较种鳞长，外露部分三角状，先端尾状渐尖，长 2.3～3.0 厘米；种子椭圆形，长 1

长苞冷杉

～1.2 厘米；种翅膜质，褐色，上部较宽阔，连同种子长 1.7～1.9 厘米。

生长特性

长苞冷杉分布区位于青藏高原东南边缘，横断山脉中南部，地处高山峡谷。因受西南季风影响，分布区气候特点是干湿季明显；夏秋季湿润多雨，比较温和；冬春季干燥少雨，寒冷多风。

地理分布

长苞冷杉分布于四川西南部九龙、冕宁、木里、德昌、盐源、盐边、稻城、乡城、得荣，云南西北部中甸、维西、丽江及西藏东南部察隅。生于海拔 3000～4500 米亚高山至高山地带。

长 白 柳

长白柳

长白柳分布于吉林长白山，渐危种。长白柳是多腺柳的一个变种，多生长于长白山高山苔原带。近来由于天池旅游区内游览设施及道路的修建及人为因素的干扰，长白柳的生境遭到严重破坏，天然更新困难，急需加强保护。

海拔下限（米）	2000
海拔上限（米）	2500

形态特征

长白柳是落叶匍匐小灌木，主根较发达，长 10～60 厘米；枝长 50～80 厘米，粗 2～4 毫米；树皮红褐色，无毛，有光泽；常生不定根；冬芽红褐色，先端钝。叶椭圆形或圆形，长 5～12 毫米、宽 5～10 毫米，下面被白绢毛，上面无毛，全缘。花与叶同时开放，花序着生于被短柔毛的短枝上；雄蕊黄

长白柳

花序长约 10 毫米，着花 15～20 朵，苞片圆形或倒卵形，直径 1～1.2 毫米，黄褐色，被长白毛，腺体 2 个，不等长，圆锥状卵圆形，不裂或分裂；雄蕊 2 枚，离生。雌蕊花序长 6～10 毫米，着花 3～7 朵。苞片圆形或倒卵形，直径 1～1.3 毫米，黄褐色，被长白毛，腺体 2 个。子房上位，有短柄。花柱明显，褐色，柱头 2 裂。蒴果之瓣裂；种子少数。

特　　性

长白柳分布区的气候特点为气温低、夏季短、多降水、多雾及多风。年均温 –7.3℃，极端最低温可达 –44℃，平均无霜期为 60 天，年降水量可达 1345 毫米，多集中在 7～8 月，最大风力可达 10 级以上。产地天池为中心的高山苔原带，其北坡有终年不化的雪块。土壤为山地苔原土，酸性反应，pH 值为 4.9～5.7。长白柳具有喜光、耐寒、喜温、耐贫瘠、抗风等特性。它的枝干匍匐于地面或岩隙间。花期在 6 月中旬至 7 月，果期在 7～8 月，随着海拔高度的上升与坡向的不同稍有差异。

苞叶杜鹃

苞叶杜鹃

苞叶杜鹃与牛皮杜鹃一样，在长白山苔原带具有水土保持和维持生态平衡的重要作用。而苞叶杜鹃分布海拔更高。

苞叶杜鹃为常绿灌木，株高 20 厘米左右，分枝多，根系发达呈垫状植物。叶互生，长椭圆形，长 1～2 厘米，叶缘具长腺毛。花少数生枝顶，紫红色，花径 2 厘米，花冠五裂，其中一侧裂至基部，至使冠呈左右对称状。花后结蒴果。

苞叶杜鹃在长白山分布与牛皮杜鹃相同，数量更少，与牛皮杜鹃同是水土保持的重要植物。在天池附近的旅游区应倍加爱护，防止践踏与采摘它们。苞叶杜鹃花美丽可爱，可研究人工栽培为观赏花卉。

白 辛 树

白辛树生长在我国亚热带低山、中山地区的常绿、落叶直混交林中。由于森林破坏严重，加上白辛树开花有间歇期，开花后常因花梗与花萼间有关节，种子萌发力不强，天然更新困难，致范围逐渐缩小，植株日益减少。

167

形态特征

白辛树

白辛树是落叶大乔木，高 20～25 米，树干挺拔；树皮褐色或灰褐色，不规则开裂；当年生枝产褐色，疏被星状柔毛。叶倒卵形、长椭圆形或倒卵状长圆形，长 8～14 厘米、宽 4～8 厘米，先端急尖。基部宽楔形或近贺钝，边缘具线锯齿，下面灰绿色，疏被星状柔毛，后无毛，侧脉 6～9 对，被星状细毛。叶柄长 1～2 厘米。圆锥药序生于侧枝顶端，下垂，长 10～15 厘米，密被灰色星状短柔毛。花小，黄白色，花梗短，与花萼之间有 1 个关节；花萼 5 齿；花冠 5 裂，两面被星状短柔毛；雄蕊 10 枚；子房一或半下位，密被星状短柔毛；花柱锥形。核果长 1.2～1.5 厘米，具 5～10 棱，无翅，被淡灰色刚毛，喙状花柱宿存。

地理分布

　　白辛树分布于贵州东南部雷山、凯里、平伐、都匀，南部安龙、望膜、西部毕节和北部绥阳，四川东部奉节，东南部南川，北部平武、汶州至西部宝兴、天全、马边、金阳、洪雅、石棉、宣恩，湖南西北部桑植、永顺，南部宜章、新宁，广西东北部资源、全州、兴安、龙胜、临桂、大苗山和西部田林等地，生于海拔 600～2500 米的山地。

生长特性

　　白辛树分布于中亚热带低山至中山地带，产区气候冬夏，年均温 13℃～20℃，年降水量 1000 毫米以上，年平均相以湿度约 80％。土壤为山地黄壤或黄棕壤，酸性反应，pH 值为 5～6.5，为阳性树种，根系十分发达，生长迅速。生于常绿落叶阔叶混交林内，为上层林木。花期在 7～8 月，果熟期在 10～11 月。

白梭梭

　　白梭梭是渐危种。保护白梭梭对荒漠区治理沙丘、防止沙漠化具有重要价值。其材质坚硬，发火力强，素有"荒漠活煤"之称，是产区居民的主要燃料；它的嫩枝是骆驼和羊的良好饲料，具有重要的经济意义。

形态特征

　　白梭梭是小乔木，高 1～7 米，一般主干较明显，树皮灰白色。当年生枝柔软弯垂，节间长 5～15 毫米，老枝呈褐色或淡黄褐色。叶鳞片状，贴伏于枝，三角形，先端具芒尖，腋间具棉毛。花小，黄色，孪生于 2 年生枝和侧生短枝叶腋；小苞片呈卵形，边缘膜质；花被片5片，倒卵形，果时北面先端1/4处生翅状附属物；翅状附属物扇形或近圆形，宽4～7毫米，淡黄色，边缘微波状或近全缘。胞果淡黄褐色，果皮不与种皮贴生。种子直径约2.5毫米，胚盘旋成上面平下面凸的陀螺状。

沙漠上的白梭梭林

169

分布与习性

白梭梭

白梭梭分布于新疆北部古尔班通古特沙漠。伊朗、阿富汗和其他中亚地区也有分布。分布区冬季漫长而寒冷，月均温的<0℃时期达5个月左右，最冷月在－20℃左右，极端最低温－45℃。6、7、8月的平均气温均在21℃以上，最热月均温达23℃～27℃，沙面最高温度竟达67℃～83℃；年降水量100～150毫米，而蒸发量却达2000毫米以上。白梭梭是一种典型的荒漠植物，具有耐严寒、抗高温和适应干旱

的能力。生于半流动或半固定沙丘中，有固沙作用。它的根系发达，深达 4
米以下，水平分布可至 10 米以外。在白梭梭群落中，经常出现而优势度较
大的有白干沙拐枣、白蒿、羽状三芒草、驼绒藜、对节刺、沙蓬等。4 月上
旬冬芽始萌，5、6 月枝条生长迅速，7 月减慢并进入夏季休眠，8 月中下旬
又开始生长，9 月下旬生长基本停止。翌年 4 月下旬至 5 月又继续开花，至
9 月上、中旬子房才发育成果实，10 月当年生枝条干萎进入冬季休眠，约
1/3 的枝梢脱落。

大 叶 柳

大叶柳分布于四川，渐危种。大叶柳分布区狭窄，仅零星分布于四川
西部，植株不多，很容易陷入濒危状态。

海拔下限（米）	1900
海拔上限（米）	3000

形态特征

大叶柳是落叶灌
木或乔木。小枝粗
状，暗紫红色，有光
泽，幼时常有白粉，
无毛；芽大，芽鳞 1
枚。叶片幼时红色，
有皱曲长柔毛，但很
快变无毛；成叶上面
暗绿色，下面苍白
色，近革质，椭圆形

大叶柳

或宽椭圆形，长可达 20 厘米，宽达 11 厘米，全缘，少部分有不规则细腺锯齿，侧脉约 15 对；叶柄粗壮，幼时红色，长达 4 厘米，无托叶。雌雄异株，花与叶同时开放或稍叶后开放；花序长达 19 厘米，轴无毛，花序梗长达 7 厘米；雄蕊 2 枚，离生或花丝中下部合生，花药黄色或红色，腹腺大，常 2 深裂，背腺较小；子房卵状椭圆形，无毛，有柄；花柱明显，柱头 2 裂，仅有 1 腹腺，顶端微凹或 2 裂。果序长达 23 厘米；蒴果呈卵状椭圆形，长 5 毫米，有长柄，成熟后 2 瓣裂；种子无胚乳，外被白色长毛。

大叶柳

特　　性

大叶柳分布区位于亚热带常绿阔叶林区的西部，是四川省降水量较多的山地之一，年降水量 1000 毫米左右，蒸发量小，温暖潮湿，多雾，日照短，年平均气温 7℃ ~ 11.5℃，无霜期 192 ~ 214 天；而邛崃山西坡雨量稍少，气温较低，无霜期更短。土壤主要为山地黄棕壤、山地棕壤和山地灰棕壤，呈微酸性。花期为 5 ~ 6 月，果期为 6 ~ 8 月。

德昌杉木

德昌杉木分布于四川（德昌、米易、盐源），是濒危种。德昌杉木是新近发现的一品种，仅产于四川西南部局部地区，现存数百株，材质优良，为当地主要用材树种之一。因森林被乱砍滥伐，其数量急剧减少，若不保护与种植，有灭绝的危险。

海拔下限（米）	1300
海拔上限（米）	2800

形态特征

德昌杉木

常绿乔木，高达50米，胸径可达3米，具轮生或不规则轮生的枝，枝端下垂；树皮暗灰色，深纵裂，片状剥落。叶螺旋状排列，辐射伸展，在侧枝上列成2列，线状披针形，质地较坚硬，维管束下方有1个树脂道，偶有1~2个边生树脂道，长0.8~3厘米，宽2~3.8毫米，先端渐尖，基部宽而下延，边缘有细锯齿，上面深绿色，有光泽，具1条窄气孔带，下面有2条宽白色气孔带。雌雄同株；雄球花约40簇生枝顶，圆柱状长圆形；雌球花单个顶生，近球形。苞鳞大，与珠鳞结合而生；珠鳞先端3裂，腹面具有3粒胚珠。球果近球形或卵圆形，长2.5~3.2厘米，直经2.5~3厘米，成熟前灰绿色，成熟时淡黄褐色；苞鳞革质，扁平，宽三角状卵形，先端尖，边缘有不规则细齿，被白粉，种子脱落后宿存；种鳞小，种子卵圆形，扁，长5~6毫米，暗褐色，两侧具膜质翅。

生长特性

德昌杉木分布区位于四川低纬度地区，河谷南北向；北有小相岭、菩萨岗为屏障，南有干燥气流长驱直入。因而气候暖和，冬春干旱，夏秋受季风影响湿度较大，降雨量多，形成明显的干湿交替气候。年均温 13℃ ~ 18℃，最冷月平均气温约 10℃，最热月平均气温 22℃ 左右；年降水量 1000 ~ 1400 毫米，多集中在 6 ~ 10 月，占全年 90% 以上，年蒸发量 2000 毫米以上，全年无霜期达 240 ~ 300 天。土壤为山地红棕壤或红壤，pH 值为 5 ~ 5.5。德昌

德昌杉木材质优良

杉木喜生于阴坡或半阴坡，但也能在半阳坡或阳坡与云南松伴生，表现出对周期性干旱的适应性。德昌杉木生长快，林木 4 龄左右进入速生期，20 龄前年平均高生长 1 米左右，以后较缓慢，50 龄前年平均直径生长 1 厘米左右，最大年生长量达 3.5 厘米，百龄大树仍生机旺盛。生理发育成熟期较迟，树龄 20 年前少有结实，结实大小明显。芽 2 月下旬萌发，生长旺期在 6 ~ 9 月，11 月停止生长；花期在 2 月中、下旬，球果在 11 月中旬成熟。

地 枫 皮

地枫皮分布于广西，是渐危种。地枫皮分布区狭窄，茎皮供药用，市场上大量收购，产区由于群众乱砍滥伐，数量越来越少，目前既未繁殖栽培，也没有采取保护措施，有濒临灭绝的危险。

海拔下限（米）	200
海拔上限（米）	1200

174

形态特征

地枫皮

地枫皮是常绿灌木，高 1～3 米，全株均具芳香气味；根皮暗红褐色；树皮灰褐色。叶互生，常 3～5 片聚生于枝的顶端或节上，革质，倒披针形、长椭圆形或倒卵状椭圆形，长 7～14 厘米，宽 2～5 厘米，先端短渐尖，基部楔形，两面有光泽；叶柄长 1～2.5 厘米。

花红色，腋生或近顶生，单生或 2～4 朵簇生；花被常为 15～17 片，有时达 20 片或少至 11 片，肉质；雄蕊 20～23 枚；心皮多为 13 个，轮状排列于隆起的花托上，顶端弯曲，柱头钻形，花柱长 2.5～3.5 毫米。聚合果常由 9～11 个成熟心皮组成，直径 2.5～3 厘米；蓇葖木质，顶端有长 3～5 毫米并向内弯曲的尖头；果梗长 1～3.4 厘米。

生长特性

地枫皮常分布于石灰岩山地。分布区年平均气温 19.1℃ ~ 22.1℃，1 月平均气温 11.1℃ ~ 14℃，极端最低温 - 3℃ ~ - 0.4℃，7 月平均气温 24.9℃ ~ 28.1℃，年降水量 1036.9 ~ 1792.5 毫米。土壤为石灰岩，中性。为阳性树种，适应干旱风大的石山境地，常生在石山山顶阳光充足的地方，扎根于岩缝石隙中，很少出现在林荫下和阴暗沟谷。花期为 4 ~ 5 月，果期为 8 ~ 9 月。

滇波罗蜜

滇波罗蜜分布于云南，是渐危种。滇波罗蜜为云南南部地区分布较广的一种热带优良材用树种。由于材质优良，被过度砍伐。目前数量已日渐减少，同时更新困难，若不加以保护，将陷入濒危状态。

海拔下限（米）	1300
海拔上限（米）	1800

形态特征

滇波罗蜜是常绿大乔木，高 20 ~ 25 米；树干通直，树皮灰褐色，粗糙，具不规则槽纹；小枝粗壮，密被锈褐色或灰褐色绒毛。叶互生，椭圆形，长 13 ~ 55 厘米，宽 6

滇波罗蜜

~35 厘米，先端渐尖，基部宽楔形或圆形，全缘或疏生浅锯齿，上面深绿色，下面锈褐色，侧脉 11 ~ 13 对，其上被锈褐色柔毛；叶柄长约 4 厘米，密被锈褐色柔毛。花单性，同株；雄花序椭圆形、卵形或为棒状，花被 2 ~ 3 裂，雄蕊 1 枚，每花具盾状苞 1 片；雌花序球形至椭圆形，苞片盾形，花被管状，下部与花序轴合生，花柱伸出花被外。聚合果近球形，由多数肉质花被和心皮与花序轴愈合而成，成熟时淡黄色，长约 10 厘米，密被黄色茸毛。

生长特性

滇波罗蜜的叶含氮量丰富

为喜温喜湿树种，散生于季节性雨林和山地常绿阔叶林中，多见于河谷和沟谷两侧阴湿处。分布区年均温 19℃ ~ 22℃，最低温在 0℃ 以上；年降水量一般不低于 1200 毫米，多集中在 6 ~ 10 月，相对湿度多在 75% 以上。土壤因海拔高度而异，一般 800 米以下为砖红壤，以上则为赤红壤或黄壤。每年旱季（2 ~ 3 月）为换叶期，其叶含氮量丰富，对于提高土壤肥力具有良好作用。花期为 3 ~ 4 月，果实 7 ~ 8 月成熟。果肉多汁，鸟兽喜食，并赖以传播种子。1 年生幼苗生长缓慢，高约 20 厘米，对干旱和霜冻很敏感。因此，当第二年旱季来临时，除土壤潮润和荫蔽处的苗木得以保存外，大都因干旱而死亡。第二年雨季过后保留下来的苗木，抗性增强，生长加快，且需全光照。

吊 皮 锥

吊皮锥

吊皮锥属稀有种，常绿大乔木，高可达 28 米，胸径达 80 厘米。星散分布于台湾、福建局部地区海拔 1000 米以下的常绿阔叶林中。花期为 3 ~ 4 月，果实第二年成熟。对植物区系和植物地理和壳斗科分类的研究有科学价值。果大，味甜，可食

用；木材坚实耐腐，纹理美观，是良好的用材树种。

形态特征

吊皮锥是常绿大乔木，高可达 28 米，胸径达 80 厘米；树皮暗灰褐色，纵向浅裂，成大片蓑衣状剥离；枝暗紫色，散生灰白色皮孔，无毛。叶革质，长圆形至卵状披针形，长 5.5 ~ 13 厘米，宽 1.7 ~ 4.5 厘米，先端长渐尖，基部近圆形，略下延或少有宽楔形，通常全缘，干后栗褐色，两面无毛，侧脉 6 ~ 13 对；叶柄长 1 ~ 1.5 厘米。雌花序长 5 ~ 8 厘米，花序轴无

吊皮锥是良好的用材树种

毛；雌花单生于总苞内；雄花序圆锥状或穗状，直立，成熟壳斗近圆球形，连刺直径6～8厘米，整齐四瓣开裂，壁厚约4毫米，外壁为密生的刺完全遮盖，刺长2～3厘米，4～5次分叉，末级分叉长1～1.5厘米，刺基部合生成束，粗2～5毫米；每壳斗有坚果1个；坚果扁圆锥形，高1.2～1.5厘米，直径1.7～2厘米，密被金黄色至锈褐色短柔毛，果脐与果基部近等大。

生长习性

吊皮锥所在地属南亚热带海洋性季风气候，冬季温暖，即使在分布区北界，霜期也很短暂，年降水量约1500毫米。土壤为酸性红壤或黄壤。通常星散生长在以壳斗科和樟科为主要树种的照叶林中。福建三明莘口有一片以吊皮锥为主的天然林，但目前林子已近衰老，林相稀疏，林中很难找到幼苗和幼树。成年大树基部常有宽大的板状根，可适应雨季及台风的环境。花期在3～4月，果实第二年秋后成熟。常年仅少量结实，并为鸟、鼠搬食殆尽，只有每隔3～5年大量结实的年份，才有部分果实萌发长成幼苗。

地理分布

星散分布于台湾东部密云、宜兰、玉山、嘉义及西部南投、台中，福建中部永安、三明和西南部连城、漳州、上杭、永定、武平，江西南部安远、龙南、人南、信丰，广东乳源、连山、英德、新丰、龙门、从化、德庆、支浮、大埔、平远。生于海拔1000米以下的常绿阔叶林中。

顶 果 木

顶果木分布于广西、云南，稀有种。顶果木在我国广西、云南分布范围虽比较广，但零星分散，因树干通直，材质好，常遭砍伐，破坏严重，成年植株已很少见。

178

海拔下限（米）	200
海拔上限（米）	1500

顶果木

形态特征

顶果木是落叶大乔木，高达40米，胸径40～150厘米；树干通直，枝下高达20米以上；嫩枝黄绿色，老枝灰褐色。二回偶数羽状复叶，长30～60厘米，羽片3～8对，顶部一回羽状复叶；小叶4～8对，对生或近对生，卵形，长5～13厘米，宽3～6厘米；嫩时总叶柄、小叶柄和叶下面被黄褐色柔毛。总状花序腋生，花大而密；萼筒钟形，5齿裂；花瓣5片，淡紫红色，长为萼齿的1倍；雄蕊5枚，与花瓣互生，花丝长为花瓣2倍，花药丁字着生。荚果具长柄，扁平，长舌形，长8～16厘米、宽22.5厘米，沿腹缝线一侧具狭翅；种子呈卵圆形，有光泽。

生长特性

顶果木主要分布于季节性雨林，为乔木层上层的常见成分。分布区年均温18℃～22℃，1月均温一般为10℃～14℃，极端最低温极值偶可下达−4.3℃，年降水量1200～2000毫米，相对湿度75%～80%。对土壤的

顶果木多生长在山谷或洼地

适应范围较广，在石灰岩土或红、黄壤上都能生长。多生长在山谷、下坡疏林中或石山圆洼地里。在广西的主要伴生树种为蝴蝶果、菜豆树、蚬木等。在云南的主要伴生树种为八宝树、团花、千果榄仁、茸毛番龙眼等。顶果木生长快，据广西龙州石灰岩山地 22 年生林木测定，高达 25.6 米，胸径 35.8 厘米，材积 1.1895 立方米。花期为 3～4 月，果期为 6～7 月。

短柄乌头

短柄乌头

短柄乌头属稀有种，又名"小白掌"、"雪上一支蒿"，为保山乌头的变种。多年生直立草本，茎高 40～80 厘米。仅分布于云南及四川局部地区海拔 2800～4300 米的高山草坡、岩石坡和疏林下。喜光，多生于向阳坡。花期在 8～9 月，果熟在 10 月。在丽江人们用本植物的块根治感冒和头痛，植物还有化学成分。

形态特征

短柄乌头是多年生直立草本，茎高 40～80 厘米，不分枝或分枝，疏被反曲而紧贴的短柔毛至近无毛；块根纺锤状圆锥形，外皮黑褐色。叶互生，纸质，3 全裂，长 3.5～6 厘米，宽 3.6～8 厘米，裂片再 2～3 次羽状细裂，中央全裂片基部突变狭成长柄，二回

短柄乌头可入药

羽裂片线形，宽 1 ~ 3 毫米，侧裂片不等 2 裂至基部，两面无毛，或背面沿脉疏被短毛，基生叶有长柄，向上叶柄逐渐变短，直至近无柄。总状花序有 7 朵以上密集的花，轴和花梗密被弯曲而紧贴的短柔毛，苞片叶状；花梗近直展，长 1 ~ 1.5 厘米，小苞片通常 2 或 3 浅裂；花左右对称，直径 1 ~ 1.5 厘米；萼片紫蓝色，上萼片呈盔形；花瓣上部内曲，具短距；心皮 3 ~ 5 个，子房密被黄色长柔毛。蓇葖长圆形，顶端细尖，内缝线开裂，具多数种子；种子沿脊棱具翅。

生长繁殖

（1）植株繁殖：植株出苗或移栽成活后，待生长 30 厘米高后可逐渐培土，在土中的叶柄基部，都能长出一个小块根。视培土的深浅，生长的块根数不同。一般培土愈深，埋在土中的叶愈多，生长的块根愈多。或截取根上部 1/3 于 11 月或下雪前按行、株距 7 ~ 8 寸（1 寸 ≈ 3.3 厘米），开沟将芽埋于土中，盖 1 ~ 2 寸土，待成活后可移栽。

（2）块根繁殖：将鲜块根切成数段，每段 2 ~ 3 厘米，埋于湿土中，原向上端仍向上，盖土 3 ~ 5 厘米，不宜过深，行距 15 厘米，株距 10 厘米，每亩 40000 株左右。栽后上端切面愈伤组织细胞分裂形成数个芽，下端切面愈伤组织细胞分裂形成须根。应注意保持土壤湿润，如土壤太干硬，需浇水。

短柄乌头繁殖方式多样

（3）有性繁殖：于 11 月植株萎黄时及时采收成熟种子，装于纱布袋中，挂阴凉通风处。于翌年 5 月雨季时，整好土地，种子拌细土撒播育苗，如移苗每亩撒种子 4 ~ 6 千克，直接播种每亩撒种 0.5 ~ 1 千克。播种后保持土壤潮湿但不能积水。30~60 天后出苗。

生长习性

短柄乌头主要见于高山草甸或受西南季风的影响区，干、湿季明显，气候冷凉，年均温6℃~12℃，最冷月平均温 –3.8℃，极端最低温约 –25℃，最热月均温约13℃，极端最高温不超过25℃，年降水量 700~1000 毫米，相对湿度为74% 以上。土壤为富含腐殖质的黑色草甸土。在土壤母质为紫色砂岩的地方，上层薄，多裸岩，地表干燥而坚实，生境冷湿多风，常生长在灰背杜鹃、腋花杜鹃为优势种的常绿矮生垫状灌丛中；在土壤母质为石灰岩的地方，土层较厚，也常见岩露头，优势种为藏边大黄、小颖短柄草等植物的草坡中。喜光，多生于向阳坡。花期在8~9月，果熟期在10月。

地理分布

短柄乌头分布于云南西北部丽江、中甸、剑川，东北部会泽，中部禄劝乌蒙山及四川西南部木里等地。生于海拔 2800~4300 米的高山草坡、岩石坡和疏林下。

短萼黄连

短萼黄连

短萼黄连分布于安徽、浙江、福建、江西、广东、广西，属渐危种。短萼黄连分布虽较广，由于历来与黄连同作药用，长期被大量采挖，资源日趋减少。

海拔下限（米）	600
海拔上限（米）	1600

形态特征

　　短萼黄连是多年生草本。根状茎黄色，常分枝，密生多数须根。叶有长柄，叶片稍带革质，宽达 10 厘米，掌状 3 全裂，中央裂片菱状窄卵形，再羽状深裂，边缘有锐锯齿，侧生裂片不等地 2 深裂。花葶 1~2 个，高 12~25 厘米，顶生聚伞花序有 3~8 朵花，苞片披针形，羽状深裂；萼片黄绿色，平直，长约 6.5 毫米，比花瓣长 1/5~1/3；花瓣线形或线状披针形，先端渐尖，中央有蜜槽；雄蕊约 20 枚，花药长约 1 毫米，花丝长 2~5 毫米；心皮 8~12 个，花柱稍外弯。蓇葖长 6~8 毫米；种子 7~8 粒，褐色。

生长特性

　　短萼黄连分布区年均温约 10℃，年降水量 1500~2000 毫米，相对湿度可达 90%。土壤主要为黄壤或黄棕壤，酸性反应，pH 值为 4.5~5.5，有机质含量丰富。耐寒，畏强光，忌高温干旱，喜阴湿环境。主要生于中亚热带山地常绿落叶阔叶混交林和常阔叶林下。一般 2~3 月开花，4~5 月果熟。

短穗竹

　　短穗竹分布于江苏、安徽、浙江，稀有种。由于砍伐或开垦，加上短穗竹成片开花衰败，分布区日益缩小。

短穗竹

形态特征

短穗竹与竹林

短穗竹地下茎为单轴型，秆散生，主干高1～3米，直径约1厘米，茎环隆起，幼秆有倒生白色细毛，老秆节间无毛，在分枝一侧节间下部有沟槽，长7～19厘米，秆环隆起，箨环下具白粉。箨鞘绿黄色，有白色或淡黄色纵条纹和稀疏刺毛，边缘有紫色纤毛；箨耳发达，椭圆形，褐棕色或绿色，边缘具缝毛，箨舌微弧形；箨片披针形，稍外展。每节3分枝，长短近相等，小枝具叶2～5片；叶鞘草黄色具纵纹；鞘口有繸毛，叶舌截平，无叶耳，有1～4根繸毛；叶片长卵状披针形，长5～18厘米，宽10～20毫米，先端短渐尖，基部圆形或圆楔形，侧脉6～7对。花序紧密呈丛，扇形，无柄，基部托以一组向上逐渐增大的鳞片状小苞片，生于叶枝的下部各节，花序中每一侧生小穗或分枝下部包有苞片，苞片的对面可有原叶，其上着生2～8枚小穗；小穗长1.5～3.5厘米，含5～7朵小花；颖1～3片，第1颖为鳞片状，具1脉，其余2颖与第1颖外样相似而稍短；外稃具9～11脉，背部具较密的小刺毛，顶端尖；内稃稍长或近等长于外稃，顶端呈裂，遍体具较长的毛，具2脊，脊上具纤毛。

生长特性

短穗竹性喜气候温暖、湿度稍大的低海拔平原、丘陵、低山坡地。生长于向阳山坡。在 pH 值为 5 ~ 8，多腐殖质的土壤中生长良好。在江苏句容、溧阳、宜兴、无锡、苏州，浙江北部昌化、杭州、奉化，安徽南部青阳、黄山、黟县、祁门、休宁等地的低山丘陵或平原地区，生于低海拔的平原和向阳山坡路边。笋期为 5 ~ 6 月，花期为 3 ~ 5 月。

多室八角金盘

多室八角金盘是稀有种。多室八角金盘是我国台湾地区特有的珍贵植物。目前仅在台湾中央山脉一带星散分布，由于森林植被不断遭到破坏，本种分布范围逐渐狭窄，数量也日益减少。

形态特征

多室八角金盘是常绿小乔木或灌木，幼枝被褐色绒毛，后变无毛。叶丛生枝顶，圆形，掌状 5 ~ 7 厘米深裂

多室八角金盘

，宽 15 ~ 30 厘米。裂片之间呈圆凹形，裂片长椭圆形，先端渐尖或长尾状渐尖，边缘有疏锯齿，上面绿色，下面淡绿色。幼时两面有棕色绒毛，

后变无毛。叶柄圆柱形，基部粗肥，有纤毛，较叶片略长或稍短。伞形花序排成圆锥状，顶生，长 30～40 厘米，基部分枝长 14 厘米，密生黄色绒毛；伞形花序有花约 20 朵，花小；萼筒短，钟形，先端短尖；雄蕊 5 枚，较花瓣略长；子房 8～10 室，每室具 1 悬垂胚珠；花柱 8～10 个，分离，长约 0.5 毫米。浆果呈球形，直径约 4 毫米。

地理分布

多室八角金盘生长在台湾中央山脉一带的桃园插天山、花莲太鲁阁山、台中鞍马山、南投丹大山及嘉义玉山。生于海拔约 1800 米的阔叶林下，最高可达 2800 米。

生长特性

多室八角金盘是台湾特有植物

多室八角金盘分布区的气候温凉温润，年平均气温 10.7℃，最高月平均气温 13.8℃，最低月平均气温 5.8℃；年降水量为 4246 毫米，云雾多，湿度大。土壤为发育良好的棕壤或灰棕壤，表层疏松，含较多的腐殖质。pH 值为 5.8～6。多室八角金盘为耐阴的灌木或小乔木，通常生于阔叶林林下阴湿地，根系为小中径的斜出根，深度可达 60 厘米，细根较多，主根多与地表面平走。在通气良好的肥沃土壤生长良好。

峨眉山莓草

峨眉山莓草分布于四川（峨眉山），是濒危种。峨眉山莓草是近年来发现的我国特有种，分布范围极窄小，仅局限于四川省峨眉山顶。由于植株稀少，个体疏散，花仅 2 ~ 3 朵，生于悬崖峭壁，天然更新能力很弱，已濒临灭绝。

海拔下限（米）	3100
海拔上限（米）	3100

187

形态特征

峨眉山莓草是多年生草本，全株密被白色绢毛；主根粗壮，圆柱形，具多数侧根；花茎直立，高 12 ~ 15 厘米。基生叶为 5 块掌状复叶，连叶柄长 3 ~ 7 厘米；小叶无柄，两侧 2 枚小叶较小，披针形，全缘或有 1 ~ 3 齿，中间 3 枚小叶较大，长圆状披

峨眉山莓草

针形，上半部每边有 1 ~ 4 个不规则锯齿；茎生叶单一，退化成苞片状；基生叶的托叶膜质，褐色；茎生叶的托叶草质，卵状披针形。花 2 ~ 3 朵，顶生，直径约 1.5 厘米；萼片三角状卵形，顶端渐尖，全缘；副萼片披针形，顶端渐尖，全缘，与萼片近等长；花瓣白色，倒心形；雄蕊 5 枚；花柱近顶生，柱头不扩大；心皮 5 ~ 10 个，各有胚珠 1 粒，成熟时变为瘦果。

生长特性

    峨眉山莓草分布区海拔较高，积雪时间很长，往往可以持续到翌年5～6月。冬季严寒，夏季短而凉爽，雨量较丰富，空气湿润，多雾。峨眉山莓草喜生于风化的岩石缝隙中。花期为6～7月，果期为8～9月。

肥 牛 树

形态特征

肥牛树

    肥牛树为大戟科肥牛木属多年生常绿乔木。肥牛树是根据广西群众用其叶饲牛，并认为可使牛肥壮而得名。肥牛树植株高大，成年树通常高7～10米，最高可达30米有余，枝叶繁茂，树冠婆娑。单叶互生，叶面深绿，嫩叶略带淡紫红色；叶肉稍厚，两面光滑；叶片呈长椭圆形或倒卵状长椭圆形，长8～15厘米、宽6～10厘米；叶缘钝锯齿状，羽状脉；叶具短柄，长4～6毫米。穗状花序，腋生，花细小，单性同株，无花瓣，有小苞片。雄花顶生，团聚；雌花基生，少数。雄花萼在花芽时近球形，闭合，开放时啮合状，3～4裂。雄蕊通常4枚，有时3～8枚，凸出；花丝中等粗厚；基部或超过中部合生；花药劲直，长方形；药室贴连，平行，侧面纵裂。退化子房深 2 裂，雌花萼杯状，顶部 3 裂。胚珠每室 1 颗。蒴果近似球形，径约 10～15 毫米，表皮粗糙有小瘤状凸体，分裂为 3 个 2 裂的分果片；种子径约 6 毫米，表面光滑，有不规则的小斑纹，淡褐色。

地理分布

　　肥牛树是我国珍贵的稀有植物之一，原产于中国广西西部岩溶地区，主要分布于广西的天等、大新、隆安、德保、靖西、龙州、宁明、崇左县。

生态特征

　　肥牛树原产于亚热带气候的广西西部石灰岩山区，喜欢夏凉冬温，年温差较小，日温差大，年降雨量 1400～1500 毫米的岩溶山原气候。它能忍受 −7℃～−4℃ 的低温和较长时间的干旱，四季保持青绿，抗寒耐旱性较强。在石灰岩地区，不论石山、土山、山坡、平地、路旁、屋边，都能生长，

肥牛树四季保持青绿

而最适宜在 pH 值为 6.5～8 的湿润环境、土壤较为肥沃的黑色或棕色石灰土上生长；在 pH 值为 4.5～5 的酸性土壤上也能正常生长发育，但不如在中性至微碱性的石灰土上生长良好。种子干粒重 80～95 克，据广西畜牧研究所分析，其含脂肪量高达 44.68%，收获的种子若不加处理，则容易失去发芽能力。一般在适宜的环境条件下，种子落地后 7～10 天便可发芽出苗，1 个月左右可长出 1～2 片真叶。幼龄树苗生长很缓慢，据调查 3 年龄的植

株平均高度 3～3.5 米，径围 27～30 厘米，但经砍收后的再生枝丛生长较快，一年可生长 2 米以上。肥牛树的寿命很长，据称可达数百年之久，仍生长不衰。肥牛树的根系发达，并具有分解利用石灰岩的能力，能在岩石的缝隙中长得枝叶繁茂。肥牛树的开花结实习性很不规则，有些年份开花结实较多，有些年份则少数植株或个别枝条开花结果。大叶型肥牛树一般是 3～4 月开花，6～7 月果实成熟，小叶型肥牛树则 6～7 月开花，9～10 月果实成熟。

干 果 木

干果木

干果木又名"黄肉荔枝"，在我国目前仅见于云南元江热河谷。由于森林过度砍伐和生态环境的破坏，果熟之后常被人采食，天然更新极差，林下尚未见到幼苗、幼树，生存的植株寥寥无几。若不采取有效的保护措施，促进天然更新和繁殖栽培，干果木在我国将有灭绝的危险。

形态特征

干果木是常绿乔木，高 8～10 米，胸径约 30 厘米；小枝圆柱状，暗褐色，略具条纹。偶数状复叶，小叶通常 2 对，大叶 3 对，叶轴和叶柄暗红褐色，柄长 2.5～4 厘米；小叶对生，椭圆状披针形或卵状披针形，长 6～15 厘米，2～5 厘米，先端短渐尖，基部楔形，全缘，略反卷，两面微隆起，网脉密，两面隆起；小叶柄长 5 毫米。圆锥花序顶生，长约 10 厘米；花小，直径约 4 毫米；花萼 4 片，匙形，长约 1 毫米，外面无毛，里面和边缘被白色长柔毛；花药椭圆形，无毛，长约 0.5 毫米；子房球形，直径约 1.8 毫米，被白色绒毛和小疣体。果呈卵圆形，直径约 1.8 毫米，具钝圆锥形小疣体；假种皮黄色。

生长特征

干果木分布区属北热带季风气候，是云南干热少雨的地区之一，干湿季明显，年平均气温 23.9℃，绝对最高温 42.3℃，绝对最低温 3.8℃；年降雨量约 780 毫米，多集中在雨季，全蒸发量达 2890 余毫米，无霜雪，因而形成十分干燥炎热的气候环境。成土母质多为花岗片麻岩，土壤多为棕褐色红砂土及红色石灰土，呈中性微酸性反应，pH 值为 6~6.5；林地土层较薄，靠近河岸地带岩石裸露，干果木则生长于石缝间。

虽然林地坡度较陡，水分在地表不易停留，林地比较干燥，但相对湿度较大，约 69%，干果木仍能正常发育，在林中为 2~3 层乔木种，与其伴生的主要树种有柄翅果、清香木、白蜡树、麻楝等，覆盖度约 60%，灌木及草本层稀疏。花期在 3~4 月，果期在 5~6 月。

干果木又叫"黄肉荔枝"

分布区域

在我国，分布于云南南部西双版纳、金平和元江，而目前仅元江、清水洒河谷及小干坝西拉河河谷有少量残存植株，散生于海拔 630～1050 米的河谷石灰山季雨林中。印度东北部（喀西山）、马来西亚、中南半岛至印度尼西亚西部和目前仅有少量残存植株的元江产区属北热带季风气候，土壤是棕褐色红砂土和红色石灰土，pH 值为 6～6.5。

桂 滇 桐

桂滇桐分布于广西（田林），是濒危种。桂滇桐是 1957 年采到标本、1975 年发表的新树种，只有一个分布点，1982 年到原产地没有找到，尚待进一步调查。

海拔下限（米）	1400
海拔上限（米）	1400

形态特征

桂滇桐

桂滇桐是乔木，高 12 米，树皮褐色，小枝干时紫色，疏被淡黄褐色星状短柔毛。叶互生，长椭圆状披针形或长椭圆形，长 7～9 厘米，宽 2.5～4 厘米，先端长渐尖，基部锐尖或楔形，边缘有明显的小锯齿，上面几无毛，下面疏被淡黄褐色短柔毛，侧脉 6～7 对，网脉纤细而明显；叶柄长 1.8～2.5 厘米，略被短柔毛。果序生于上部叶腋，为二歧聚伞花序式，略被淡黄褐色星状短柔毛。蒴果长圆状椭圆形，由 5 个心皮形成，长 2.5 ~ 3 厘米，直径 2 ~ 2.4 厘米，顶端和基部均浑圆，疏被星状短柔毛；鲜时白色，干时淡黄褐色；成熟心皮具翅，翅薄纸质，扁平，宽 8 ~ 10 毫米，有二叉分枝的横脉；果柄长约 12 毫米，被淡褐色短柔毛；种子每室 4 个，排成 2 列，椭圆形，两端尖，红褐色，长约 8 毫米。花期为 7 ~ 8 月，果期为 11 月。

桂滇桐果叶形态图

生长特性

分布区低平地方的年均温 20.9℃，1 月平均气温 12.0℃，7 月平均气温 27.2℃，年降水量 1158.2 毫米。散生于石灰岩常绿、落叶阔叶混交林中，为偶见种。主要伴生树种有化香、青冈栎、水青冈等。

海菜花

海菜花分布于广西（靖西、德保）、海南（文昌）、贵州、四川（布施）、云南。

海拔下限（米）	0
海拔上限（米）	2700

形态特征

海菜花是多年生水生草本，茎短缩。叶基生，沉水，叶形态大小变异

海菜花

很大，披针形、线状长圆形、卵形或广心形，先端钝或渐尖，基部心形或垂耳形，全缘、波状或具微锯齿；叶脉5～9条，弧形，下面脉上有时出现肉刺状突起；叶柄随水体深浅而异，生水田中的长5～20厘米，生湖泊中的长达3米。花单性，雌雄异株，花草长短随水深浅而异，圆柱形，光滑，佛焰苞具21棱，有时棱上和棱间具刺。雄株佛焰苞内有雄花40～50朵，雌株含花2～10朵，先后在水面开放，花后连同佛焰苞沉入水底。雄花：花梗长4～10厘米，绿白色，萼片3片，绿白色至深绿色，披针形，长8～15毫米，背面中脉上有时具2～3个肉刺；花瓣3片，白色，基部1/3黄色或全部黄色，倒心形，长1～3.5厘米，具5～7条纵褶。雄蕊9～12枚，黄色，3～4轮，内层有退化雌蕊3枚，黄色，线形，中央附属体球形，白色，具3槽。雌花：花萼、花瓣与雄花同，花柱3，橙黄色，分2叉，长约1.4厘米，退花雄蕊3枚，黄色，线形，子房三棱柱形，绿色。果褐色，三棱状纺锤形，长约8厘米，棱上或棱间有肉刺或疣凸；种子数量多，先端有毛。

生长特性

海菜花是沉水植物，可生长在4米的深水中，要求水体清晰透明，喜温暖。同株的叶片形状、叶柄和花葶的长度因水的深度和水流急缓而有明显的变异。一般花期在5～10月，但在温暖地区全年可见开花。为我国特有种。生于湖泊、池塘、沟渠及水田中。